浙江省普通高校"十三五"新形态教材

新编21世纪高等职业教育精品教材·旅游大类

U0386260

主　编◎康保苓

副主编◎温　燕　张春丽　严慧芬

　　　　邵淑宏　宋爱辉　于建澄

　　　　刘　菲　杨翠兰　郑方萍

主　审◎杨　强

中国人民大学出版社
·北京·

图书在版编目（CIP）数据

茶文化 / 康保苓主编. -- 北京：中国人民大学出版社，2022.1
新编21世纪高等职业教育精品教材·旅游大类
ISBN 978-7-300-30178-5

Ⅰ. ①茶… Ⅱ. ①康… Ⅲ. ①茶文化－中国－高等职业教育－教材 Ⅳ. ① TS971.21

中国版本图书馆 CIP 数据核字（2022）第 002457 号

浙江省普通高校"十三五"新形态教材
新编21世纪高等职业教育精品教材·旅游大类
茶文化
主　编　康保苓
副主编　温　燕　张春丽　严慧芬　邵淑宏　宋爱辉　于建澄　刘　菲　杨翠兰　郑方萍
主　审　杨　强
Cha Wenhua

出版发行	中国人民大学出版社	
社　　址	北京中关村大街 31 号	**邮政编码**　100080
电　　话	010 - 62511242（总编室）	010 - 62511770（质管部）
	010 - 82501766（邮购部）	010 - 62514148（门市部）
	010 - 62515195（发行公司）	010 - 62515275（盗版举报）
网　　址	http://www.crup.com.cn	
经　　销	新华书店	
印　　刷	北京瑞禾彩色印刷有限公司	
开　　本	787 mm × 1092 mm　1/16	**版　　次**　2022 年 1 月第 1 版
印　　张	12	**印　　次**　2024 年 6 月第 4 次印刷
字　　数	183 000	**定　　价**　68.00 元

序 ◥

中国是茶的故乡，也是世界上最早种植茶、利用茶的国家。自古以来，中国茶经过自然生长、人工栽培、不断育化的过程，带着千年文明赋予的丰富绚烂的文化，继承了先民的智慧，植根于炎黄游牧、农耕的血脉中，温暖地滋养着一代又一代的华夏儿女。从唐代茶圣陆羽《茶经》中"两都并荆渝间，以为比屋之饮"的日常饮茶，到现如今全国各地在谷雨前后开展丰富多彩的"全民饮茶日"茶事活动，再到 2019 年 6 月 29 日联合国粮食及农业组织大会第 41 届会议审议通过了粮农组织理事会第 160 届会议批准的每年 5 月 21 日庆祝"国际茶日"的提案，无不展示着中国茶文化的影响力。

琴棋书画诗酒花，柴米油盐酱醋茶。茶，既是东方古典文明的典范，更是向世界传播中国优秀文化的标志性名片。鲁迅曾在《且介亭杂文集》中评价："只有民族的，才是世界的。"茶不仅仅是中国的，中国茶以其独特的文化魅力和物质传承影响着全世界。

茶穿越历史、跨越国界，深受世界各国人民喜爱，已成为世界上 60 多个国家（地区）30 多亿人的健康饮品，举世瞩目。茶在世界文化交流的舞台上扮演着重要角色，2008 年北京奥运会开幕式卷轴上的"茶"字向全世界传递了中国茶文化的独特魅力，2010 年上海世界博览会、2015 年米兰世界博览会、历届中国国际茶叶博览会……每一次盛会都留下了茶文化的印痕。

文化是一个国家最深厚的软实力，面对当今时代的发展和日新月异的变化，无论是我们自身还是友邦睦邻都需要传统文化的滋养。茶文化，作为中国传统文化的重要组成部分之一，将过去和现在、东方与西方交融于氤氲的色、香、味、形之中。

"江山代有才人出，各领风骚数百年。"面对当今时代多维的茶的物质和文化生态构成，越来越多的茶学研究者、茶学科研工作者意识到：茶文化是多维的。茶文化不仅仅是生物化学的，更是历史学的、自然地理学的、生态环境学的、科技的、美学的、哲学的……从审美上看，它既是古典的，也是现代的、融合的、创新的、时尚的。从本质上看，它既是物质的，又是精神的，是"天地人和""中正""怡真"等传统意蕴的优雅载体。

近年来，我特别欣慰地看到更多的年轻老师投入到茶的教学与科研中。来自浙江省特色专业、教育部现代学徒制人才培养专业的浙江旅游职业学院休闲专业（茶文化方向）教学团队，根据业内前沿的科研教学成果，理论与实践相结合，在总结了十余年茶文化教学改革经验与服务行业企业实践的基础上，深入茶产区、茶企业、茶叶博物馆，考察、调研、走访，获取了许多珍贵的一手资料，编写了这本新形态教材——《茶文化》。该书包括绪论、茶树的形态特征和生长环境、中国茶文化发展史、茶的分类、走近茶器、茶与健康、科学饮茶、茶艺与茶道、茶事雅集、茶俗大观、世界茶文化、茶诗鉴赏等内容，理论知识系统、案例丰富、在线教学视频活泼易懂，切合新时代背景下的教学理念。

该书基于移动互联网技术，通过嵌入二维码，将教学内容智慧化；充分发挥文字内容教学、视频资源教学、实时在线测试等多重功能，实现了立体化；还具有动态性和灵活性，利用当下的互联网、新媒体等新兴学科优势，编辑拍摄了40 余个精美的教学视频，有助于读者的个性化学习。本书主张"教学相长"的教育理念，书中的授课视频由康保苓、温燕、张春丽、严慧芬等教师和朱晓芸、周锦玉、汪益妃等毕业于浙江旅游职业学院的学子共同完成，是值得一提的亮点。从文化学和传播学的角度看，高职高专和应用型本科的学生和老师、中职院校的学生、茶文化从业者、茶文化爱好者等都将是本书的受益者。本书主编康保苓教授旨在传承和弘扬茶文化，持续地为社会培养大批品德高尚、才学兼备的茶文化人才，进一步推动茶产业和茶文化的健康发展。

观一叶，知天下。一片茶叶虽小，却能承载大文化。

王岳飞

浙江大学教授、博士生导师

浙江大学茶叶研究所所长

国务院学科评议组成员

2021 年 5 月

前 言

　　茶，自远古而来。中国是茶的故乡。茶以它浓郁的文化、悠久的历史，带着先民的智慧和温度，融入中华文化的血脉之中，温暖着、滋润着华夏儿女。

　　茶，不仅是中国的，更是世界的。中国茶传播到世界各地，是中华民族贡献给世界最温馨的礼物之一。茶文化，是多维的：它是历史的，文化的，地理的，生态的，科技的，美学的；它是融合的，创新的，时尚的；它是物质的，又是精神的，是"天地人和"中式意蕴精神的优雅载体。

　　过去和现在，东方与西方，相逢于氤氲的茶香中。经过岁月的积淀、洗礼，茶文化历久弥香，愈加焕发出迷人的魅力。

　　文化，是最深厚的软实力。行走在新时代的我们，更需要传统文化的滋养；而茶文化，是中国传统文化的重要组成部分。

　　浙江旅游职业学院休闲专业（茶文化方向）是教育部现代学徒制人才培养专业，也是浙江省特色专业。本书从学习、传承、弘扬茶文化的目的出发，紧跟高等职业教育课程改革的步伐。编者针对茶文化等专业从业人员职业发展能力的要求，在总结了十余年茶文化教学改革经验与服务行业企业实践的基础上，深入茶产区、茶企业、茶叶博物馆，考察、调研、走访，获取了许多珍贵的一手资料，从而编写了这本新形态教材——《茶文化》。

　　本书深入贯彻党的二十大精神，全面融入社会主义核心价值观，传承中华优秀传统文化，弘扬正能量，寓价值观教育于知识体系和能力培养之中，落实立德树人的根本任务，体现育人与育才相结合的教学目标。本书既有系统的理论、丰富的案例，又有大量的教学视频，对茶文化进行了全面梳理。本书编写的具体内容如下：绪论、灵山秀水育芳华——茶树的形态特征和生长环境、寻根溯源——中国茶文化发展史、多彩家族——茶的分类、烹茶尽具——走近茶器、以茶养生——茶与健康、茶意生活——科学饮茶、习茶悟道——茶艺与茶道、以茶会友——茶事雅集、茶与风俗——茶俗大观、异域茶情——世界茶文化、诗行茶香——茶诗鉴赏。书中的授课视频，由康保苓、温燕、张春丽、严慧芬等教师和朱晓芸、周锦玉、汪益妃等浙江旅游职业学院休闲专业（茶文化方向）的毕业生共同完成。

作为新形态教材，本书具有以下几个特点：一是智慧化，基于移动互联网技术，通过嵌入二维码，实现纸质教材、数字资源、在线开放课程等线上线下资源的有机衔接；二是立体化，集文本、图片、视频等多种资源于一体，充分发挥文字内容教学、视频资源教学、实时在线测试的多重功能；三是动态性，及时更新数字资源，使教学内容与时俱进，形成不断更新、富有活力的教材；四是灵活性，突破了时空的限制，可以让读者随时了解行业产业发展前沿，更有利于个性化学习。

本书可作以下几类用途：一是可作高职高专和应用型本科通识课程的教学之用；二是可作中职院校学生的传统文化选修课程辅助之用；三是可作茶文化从业者业务提升之用；四是可作茶文化爱好者日常学习之用。

全书由康保苓教授设计大纲和编写体例，并总纂、统稿，对部分章节内容进行了修改和增补。特别感谢浙江大学王岳飞教授百忙之中为本书撰写序言。浙江旅游职业学院的领导和同事也对本书的出版给予了大力支持。教学素材和实训项目，多来自教育部现代学徒制人才培养试点的校企合作单位，如杭州湖畔居茶楼、素业茶院、你我茶燕、茗庐文化传播有限公司、浙江传忠国术研究院、善凡大源堂茶业、和其坊，以及中国国际茶文化研究会、中国茶叶博物馆、听蓝茶生活空间、静如茶事、清泉茗香工作室、浮云堂茶书院、昕逸文化创意有限公司等单位。在此，向各位专家、同人、朋友一并致以诚挚的谢意。

茶约你我，让我们在茶文化研习中传承文化、感知美好。

康保苓

目 录 🍵

绪　论

学习要求：了解茶文化的丰富内涵、茶文化的内容、茶文化的特征，认识学习茶文化的重要意义。

一、什么是茶文化

茶文化是人类在使用茶叶过程中所产生的文化现象和社会现象。茶文化体现了茶与文化的有机融合，它以茶为载体传播丰富多彩的文化，体现了一定时期的物质文明和精神文明的特色和发展程度。茶文化是中华优秀传统文化的组成部分，涉及文化艺术、健康养生、历史发展、科技进步、教育传承、经济贸易、旅游休闲等领域。中国是茶的故乡，不同民族、地区有着丰富多样的饮茶习惯和风俗。

二、茶文化的内容

茶文化的内容非常丰富，包括识茶、制茶、泡茶、品茶、茶事、茶空间、茶俗、茶美学等，具体来说，涉及茶树的起源和发展、茶叶饮用方式的产生和发展、茶艺与茶道、茶疗、茶文学、茶艺术、茶产品开发、茶旅游、茶文化传播等多个方面。

三、茶文化的特征

茶文化具有历史传承性、多元融合性、地域差异性、时代创新性、国际影响性等特征。

（一）历史传承性

茶文化是中国优秀传统文化的重要组成部分，历史悠久。早在原始社会后期，茶叶就已经成为可供交换的物品了。战国时期，茶叶的生产种植已经具有一定规模。茶与诗歌等文学作品的结合，使茶在自然属性的基础上承载了丰富的文化内涵和愉悦的审美体验，开启了中国茶文化发展的源头。"荼"为"茶"字之祖，先秦《诗经》中就有关于茶的记载，如"谁谓荼苦，其甘如荠"（《邶风·谷风》）"九月叔苴，采荼薪樗，食我农夫"（《豳风·七月》）。

（二）多元融合性

茶文化具有很强的融合功能，特别是在文学、艺术等领域有很多融合，进一步丰富了茶文化的内容和表达方式。以茶为素材的文学、书法、绘画等作品数不胜数，如苏轼、范仲淹、陆游等文人留下了许多有关茶的作品："戏作小诗君莫笑，从来佳茗似佳人"（苏轼《次韵曹辅寄壑源试焙新芽》）；"斗茶味兮轻醍醐，斗茶香兮薄兰芷"（范仲淹《和章岷从事斗茶歌》）；"矮纸斜行闲作草，晴窗细乳戏分茶"（陆游《临安春雨初霁》）；等等。清代乾嘉学者、著名书法家陈希祖曾题匾额"壶中鸥波馆"（见图 0-1），寓意借由茶达到心灵安闲自适、超脱放达的境界，体现了文人对茶的喜爱。

图 0-1　陈希祖题匾额（山东青州吴玉平供图）

（三）地域差异性

茶文化具有鲜明的地域特色。中国地域广阔，自然条件和生态环境各异，茶的种类非常丰富；同时由于不同地域的文化特色和风俗有差异，饮茶习俗也有不同之处，因而形成了各具地方特色的茶文化。如杭州作为中国茶都，在茶文化传承和创新发展等方面特色鲜明，涌现出很多个性化的都市茶空间（见图 0-2）。

图 0 - 2 杭州浮云堂茶空间

（四）时代创新性

茶文化的发展受特定时期社会发展程度和经济、政治、文化等因素的影响，内涵不断丰富，呈现方式不断创新和发展。在新的历史时期，茶文化与现代科学技术、生活方式、新媒体等结合，其价值功能更加多元化，对社会发展的影响更为突出。新时期茶文化的传播方式，具有人文化、现代化、时尚化和国际化的发展趋势。（浙江旅游职业学院茶学子在 2019 年亚洲美食节美食与优雅生活论坛活动中展示仿宋点茶，见图 0 - 3。）

图 0 - 3 仿宋点茶

绪 论

（五）国际影响性

从某种意义上说，茶不仅是饮品，而且是沟通交流的重要媒介。伴随着经济文化等领域的国际交流，中国茶文化传播到世界各地，与其他国家的地理、历史、文化、风俗等结合，形成了丰富多彩的世界茶文化。目前世界上60多个国家和地区的茶叶种植、120多个国家和地区30多亿人的饮茶习惯，都是直接或间接源自中国。

2019年11月27日第74届联合国大会宣布设立"国际茶日"，时间为每年5月21日，以赞美茶叶对经济、社会和文化的价值，这是以中国为主的产茶国家首次成功推动设立的农业领域国际性节日，也体现了茶文化在世界范围内的影响力。

四、为什么要学习茶文化

（一）茶文化是中国传统文化的精粹之一

茶起源于中国。茶文化是中国具有代表性的传统文化之一，是中华民族的瑰宝。中国素有"礼仪之邦"之称，茶文化的精神内涵即是通过茶的品饮、以茶为载体的茶事活动等，与中国的文化内涵和礼仪相结合，形成具有鲜明中国文化特征的文化现象。

学习茶文化，普及茶文化，通过发掘、体悟和呈现茶之真、善、美，从而提升茶文化的境界，不断提高人们的生活品质，促进人与人之间的和谐相处，营造更加祥和的社会环境，使中华民族的优秀文化得到弘扬，增进世界各国对中国茶文化的认知，进而加深世界各国对中华优秀传统文化的了解和认识。

（二）茶文化是修身养性的重要载体

茶文化将茶的自然属性与人文属性结合，把人们崇尚的道德情操、追求的高尚品质及人格融入具体的茶及各种茶事活动中。茶事不仅可以促进身体健康，而且可以修身怡情，引导人们养成良好的行为习惯和健康饮茶的习惯，提高审美情趣。茶文化以茶德为中心，倡导无私奉献，注重协调人与人之间的关系，修身养德。

（三）茶文化是休闲产业的重要组成部分

茶文化与休闲产业密切相关，是其重要组成部分。茶产地优美的自然风光、深厚的人文底蕴，是重要的休闲资源；茶艺茶道研习、茶的品鉴、茶的修身养性功能、茶空间设计，茶与文学、艺术、美学等领域的互通共融，以茶文化为载体，形成诸多文化休闲产品，不断丰富着休闲产业的业态，提升着人们的生活品质。

（四）茶文化是国际交往的重要载体

中华优秀传统文化是中华民族的文化基因、精神家园、精神命脉，是整个文化体系的根基命脉和源头活水，处于基础性和根本性地位。自古以来，中国茶叶随着丝绸之路传到其他国家和地区，被认为是和平、友谊、合作的纽带。数千年来，茶与茶文化对中国、对世界影响深远。茶文化作为国际交流的内容和载体，推动中国茶走向更广阔的世界，能够促进同其他国家的经济合作和教育、文化、旅游、艺术等方面的交流。

参考资料

1. 徐明．茶与茶文化［M］．北京：中国物资出版社，2009．
2. 丁以寿．中国茶文化概论［M］．北京：科学出版社，2018．

本章小结

✿ 内容提要

本章讲述了茶文化的内涵、内容和主要特征，以及学习茶文化的意义。茶文化是中国传统文化的重要组成部分，具有历史传承性、多元融合性、地域差异性、时代创新性、国际影响性等特征。学习、传承、弘扬茶文化，对于提升文化自信、修身养性、加强人际交流、提升生活品质等具有重要意义。

✿ 核心概念

茶文化；茶德。

✿ 重点实务

了解茶文化的特征。

🌿 复习题

1. 简述茶文化的主要特征。

2. 为什么要学习茶文化?

🌿 讨论题

茶文化与休闲产业的关系是什么?

🌿 实训项目

考察当地有特色的茶空间,形成报告并与同学分享。

灵山秀水育芳华

——茶树的形态特征和生长环境

学习要求：通过学习，了解茶树的形态特征，熟悉茶树的生长环境，分析不同产区的地理环境对茶叶品质的影响。

第一节 茶树的形态特征

一、茶树的外形

茶树的地上部分，因分枝性状的差异，植株可分为乔木型、灌木型和半乔木型三种。

乔木型茶树（见图 1-1），树形高大，主干明显、粗大，树高通常为 3～5米，也有高达 10 米以上的。

灌木型茶树（见图 1-2），没有明显的主干，分枝较密，树冠矮小，树高通常为 1.5～3 米。

半乔木型茶树，也叫小乔木型茶树（见图 1-3），在树高和分枝上都介于灌木型茶树与乔木型茶树之间，主干明显，主干和分枝容易区分，分枝距离地面较近，树高多为 2～3 米。

图 1 - 1　云南省景谷傣族彝族自治县苦竹山古茶树（云南农业大学熊昌云老师供图）

图 1 - 2　杭州西湖龙井茶园的灌木型茶树

图 1 - 3　云南省西双版纳傣族自治州勐海县的半乔木型茶树

二、茶树的组成

茶树主要由根、茎、叶、花、果实与种子组成。

（1）根。茶树的根由主根、侧根、细根、根毛组成，为轴状根系。

（2）茎。茶树的茎，按其作用可分为主干、主轴、骨干枝、细枝。

（3）叶（见图 1 - 4、图 1 - 5）。茶树的叶，是制作茶饮的原料，也是茶树进行呼吸、蒸腾和光合作用的主要器官。

（4）花（见图 1-6）。茶树的花可分为花柄、花萼、花冠、雄蕊、雌蕊五个部分，属于完全花。茶树的花含有丰富的茶多酚、茶多糖、氨基酸、蛋白质等多种物质。许多研究表明，茶树的花有抑制微生物生长和减少黑色素沉积的护肤作用。茶树的花在抗氧化、抗癌、降血糖、降血脂、抑菌以及美白皮肤等方面具有突出的功效，可应用于食品、药品、保健品等多个领域。目前已有茶树花茶、茶树花酒、茶树花精油、茶树花香皂等产品。

图 1 - 4 云南版纳茶区最高峰滑竹梁子的茶叶

图 1 - 5 杭州西湖龙井茶芽

图 1 - 6　云南南糯山茶树花

（5）果实与种子。茶树的果实包括果壳与种子两部分，属于植物学中的宿萼蒴果类型。6月下旬花芽形成，10月开花，由花到果实一般需要一年零四个月的时间，茶果在霜降前后成熟（见图1-7）。

茶树的形态特征

图 1 - 7　茶果

第二节 茶树的生长环境

一、茶树的生长环境要素

茶树的生长环境，主要是指阳光、温度、水分和土壤等条件的综合。

（一）阳光

茶树原产地的生态环境是大森林，经常处于漫射条件之下。因此，茶树逐渐形成耐阴植物的习性，忌强光直射，更适应在漫射光多的条件下生长。

（二）温度

昼夜温差对茶树的光合作用、物质积累有显著的影响。白天温度高，利于光合作用，制造更多有机物；夜晚温度低，呼吸作用减弱，物质消耗少。因此，昼夜温差大利于茶叶内含物的形成、积累。

茶树生长的起点温度：引起茶树萌芽的平均温度称为茶树生长的起点温度，又称最低温度。多数茶树品种日平均气温需要稳定在10℃以上，茶芽开始萌发。

茶树生长的最适温度是20℃～30℃。若在此范围之内，则茶梢加速生长，每天平均可伸长1～2厘米。

茶树生长的低限温度：气温低于10℃，茶芽停止萌发，处于越冬休眠状态。如果有时出现严重的低温霜冻，茶苗、幼树或抗寒性差的品种还会受到冻害。茶树能忍耐的绝对低温因品种、树龄、生长季节和茶树生长发育状况而异，不同的种植地区和环境条件也会影响茶树的耐寒性。

（三）水分

水分是茶树生长环境的重要组成部分，构成树体的水分占55%～60%，芽叶含水量高达70%～80%。水分的不足或过多，都会影响茶树的生长。严重干旱时，植株就会枯萎；水分过多时，植株就不易生长或延迟发芽，降低发芽率。茶树对雨湿条件的适应性较强，适宜种茶的地区年降水量应在1 000毫米以上，空气相对湿度在80% ～ 90%。同时，土壤湿度不宜过大。如果土壤湿度过大，会造成通气不良、氧气缺乏，阻碍根系的呼吸和养分的吸收，致使根部受害，造成茶树湿害、腐烂枯死。

（四）土壤

衡量土壤酸碱度的指标是pH值，pH值为7.0的是中性土壤，pH值小于7.0的是酸性土壤，pH值在7.0以上的是碱性土壤。茶树是耐酸作物，以pH值在4.5 ～ 6.5为宜。土壤pH值能够影响茶树对养分的吸收，当pH值小于4.5或大于6.5时，对氮、磷、钾等成分的吸收能力会显著降低。

种植茶树的土壤以花岗岩、片麻岩等母岩形成的沙质土壤（尤其是白沙土壤）最好。因为其含有较多的云母片和石英片，土质疏松，透气性好，富含较多的钾、镁及其他微量元素，对茶叶生化成分的合成有利。杭州狮峰龙井茶园的土壤就是典型的白沙土（见图1－8）。

图1－8　杭州狮峰龙井茶园的土壤

二、高山出好茶

我国历代贡茶、传统名茶以及当代新创制的名茶大多出自高山，例如安徽黄山的"黄山毛峰"、江西庐山的"庐山云雾茶"、福建武夷山的"武夷岩茶"、浙江雁荡山的"雁荡毛峰"、四川蒙顶山的"蒙顶甘露"等。唐代，朝廷的贡茶产地是浙江湖州的顾渚山、四川雅安的蒙顶山；宋代，朝廷的贡茶产地是福建建瓯的凤凰山等。这些都是生产高品质茶叶的地方。

为什么高山出好茶呢？高山出好茶，这是优越的茶树生态环境造就的，主要表现在以下几个方面：

（1）光照因素。茶树生长在高山多雾的环境中，受到雾珠的影响，红、橙、黄、绿、青、蓝、紫七种可见光中的红、黄光得到加强，从而使茶树芽叶中的氨基酸和叶绿素含量明显增加。高山森林茂盛，茶树接受光照时间短、强度低，漫射光多，这样有利于茶叶中氮含量的增加。

（2）湿度因素。高山有葱郁的林木、茫茫的云海，空气和土壤的湿度得以提高，从而使茶树芽叶光合作用形成的糖类化合物缩合困难，纤维素不易形成，茶树新梢可在较长时期内保持鲜嫩而不易粗老。这种情况对茶叶的色泽、香气、滋味、嫩度的提升，特别是对绿茶品质的改善十分有利。

（3）土壤因素。高山植被繁茂，枯枝落叶多，地面形成了一层厚厚的覆盖物，土壤不但质地疏松、结构良好，而且有机质含量丰富，能提供茶树所需的多种营养成分，用生长在这种土壤的茶树上采摘下来的新梢加工而成的茶叶香高味浓。

（4）气温因素。高山的气温对改善茶叶的内质有利。一般来说，海拔每升高100米，气温大致降低 0.6℃。温度决定着茶树中酶的活性。茶树新梢中茶多酚和儿茶素的含量随着海拔的升高、气温的降低而降低，从而使茶叶的涩味减轻；而茶叶中氨基酸和芳香物质的含量却随着海拔的升高、气温的降低而增加，这就为茶叶滋味的鲜爽甘醇提供了物质基础。

茶树的原产地在我国西南部的多雨潮湿的原始森林中，经过长期的进化，其逐渐形成了喜温、喜湿、耐阴的习性。高山出好茶的奥妙就在于高山优越的生态条件满足了茶树生长的需要。

当然，需要注意的是，并非是山越高茶越好。因为海拔超过一定高度，气温偏低，容易使茶树生长受阻，而且当高度穿过云雾层后，紫外线过强，用这种茶树新梢制出的茶，味感差。所以通常说的高山出好茶，是与平地茶相比较而言的。

参考资料

1. 许兰，张丹，仝团团，等. 茶树花提取物的抑菌和美白功效评价［J］. 天然产物研究与开发，2018（8）：1287－1293.
2. 田采云，周承哲，傅海峰，等. 茶树花的保健功效及其研究进展［J］. 园艺与种苗，2019（6）：6－10.

本章小结

🌱 内容提要

本章讲述了茶树的形态特征和生长环境。从外形看，茶树有乔木型、灌木型和半乔木型三种。茶树的生长环境需要适宜的阳光、温度、水分和土壤等条件。高山出好茶，是优越的茶树生态环境造就的。

🌱 核心概念

漫射光。

🌱 重点实务

结合实际分析某一种茶的生长环境。

🌱 复习题

1. 适合茶树生长的土壤条件是怎样的？
2. 评析"高山出好茶"的说法。

🌱 讨论题

西湖龙井茶成为名茶的原因是什么？

🌱 实训项目

考察附近的茶园。

第二章 | 寻根溯源
——中国茶文化发展史

> 学习要求：通过学习，了解中国茶文化的起源和主要发展阶段，厘清中国茶文化的发展脉络，掌握不同阶段茶文化的主要特征及内在联系，为茶文化传承、创新打好基础。

第一节 茶文化萌芽和初成期

中国人最先发现和利用了茶。茶最早是作食用和药用，茶作为饮料的用途则出现得稍晚。从原始社会时期到汉代为中国茶文化的萌芽期，三国两晋南北朝为中国茶文化的初步形成期。

一、原始社会时期

从药用到食用。最初茶叶因作药用而受到关注。古人直接含嚼茶树鲜叶汲取茶汁而感到芬芳、清口并获得收敛性的快感，久而久之，含嚼茶叶成为人们的一种喜好。该阶段是茶之为饮的前奏。今天，云南基诺族的"凉拌茶"，布朗族、德昂族的"盐腌茶"，也是直接食用鲜叶。在远古时代，我们的祖先仅仅是把茶叶当作药物。这与《神农本草经》记载的"神农尝百草，日遇七十二毒，得茶而解之"是相吻合的。人们从野生的茶树上砍下枝条、采下芽叶，放在水中烧煮，然后饮其汁水，这就是原始的"粥茶法"。这样煮出的茶水，滋味苦涩，因此称茶为"苦荼"。随着社会的进步,含嚼茶叶的习惯转变为煎服,即将鲜叶洗净后,置于陶罐中加水煮熟,连汤带叶服用。

茶叶具有清热解毒、提神醒脑等功效,至今仍被一些地区的人们用作药物。

二、先秦时期

大约在3 000年前,就有人工栽培茶园,产茶作为贡品。现存的史料考证,贡茶起源于西周之初,东晋常璩撰写的《华阳国志·巴志》中记述:"土植五谷……丹漆茶蜜……皆纳贡之。"但是南方和北方在用茶方面是有区别的,黄河流域以食用为主,制作茗菜(菜羹);南方地区以饮用为主,特别是在巴蜀地区,饮茶盛行。秦灭巴蜀,促进了经济文化的交流,饮茶知识与风俗得到了传播,饮茶方式一度传到黄河中游地区。

三、汉代时期

西汉司马相如的《凡将篇》是最早将茶列为药物的文字记载。其称"茶"为"荈诧",将茶与其他药材并列:"乌喙、桔梗、芫华、款冬、贝母、木蘗、蒌、芩草、芍药、桂、漏芦、蜚廉、藋菌、荈诧、白敛、白芷、菖蒲、芒消、莞椒、茱萸。"《神农本草经》又称《本草经》或《本经》,相传起源于神农氏,代代口耳相传,所传内容于东汉时期集结整理成书。《神农本草经》是秦汉时期众多医学家搜集、整理、总结当时药物学经验成果的专著,是对中国中医药的第一次系统总结。它是中医四大经典著作之一,也是现存最早的中药学著作。书中记载:"茶味苦,饮之使人益思、少卧、轻身、明目。"这说明当时人们在生活实践中,已经认识到茶的药用保健功能。

四、三国两晋南北朝时期

三国时,崇茶之风进一步发展,人们开始注意到茶的烹煮方法。魏朝已出现了对茶叶的简单加工,将采来的叶子先做成饼,后晒干或烘干,这是制茶工艺的萌芽。

三国时,魏国张揖《广雅》记载:"荆、巴间采叶作饼,叶老者,饼成,以米膏出之。欲煮茗饮，先炙令赤色，捣末置瓷器中，以汤浇覆之，用葱、姜、橘子芼之，其饮醒酒，令人不眠。"此处已经明确指出茶是作为醒酒汤饮用的。这种在茶中加入调料的饮法，在我国的部分民族沿袭至今，如傣族的"烤茶"，就是在铛罐中冲泡茶叶后加入椒、姜、桂、盐、香糯竹等调和而成的。《广雅》记载"欲煮茗饮"，说明当时饮茶方法是"煮"，是将"采叶作饼"的饼茶烤炙之后捣成粉末，掺和葱、姜、橘子等调料，再放到锅里烹煮。

三国时期出现了"以茶当酒"的习俗，如《三国志·吴志·韦曜传》记载："皓每飨宴，无不竟日，坐席无能否率以七升为限，虽不悉入口，皆浇灌取尽。曜素饮酒不过二升，初见礼异时，常为裁减，或密赐茶荈以当酒。"既然是以茶当酒，说明当时茶已成为单纯的饮料了，饮茶已经比较普遍。

魏晋南北朝时期，茶叶已成为日常饮品，现今的四川、重庆、湖北、湖南、安徽、江苏、浙江、广东、广西、云南、贵州等地，都有茶叶生产。饮茶习俗逐渐向北方中原地区传播，晋代张载的《登成都白菟楼诗》中描写："芳茶冠六清，溢味播九区。"九区即九州，后世以"九州"代指中国。左思的《娇女诗》形象地刻画了两个小女儿天真稚气、吹炉等茶的娇态："吾家有娇女，皎皎颇白皙……心为茶荈剧……"左思常年生活在北方，少时居临淄，后移居京师洛阳。《娇女诗》描绘了北方仕宦人家饮茶的情景，是有关中原地区饮茶的珍贵资料。

晋代，杜育的《荈赋》，内容涉及自茶树生长到茶叶饮用的全过程，是最早专门歌吟茶事的诗词曲赋类作品，我们可以据此较为集中地领略当时茶文化发展的初相。从这篇世界上最早的茶赋中，我们可以体会到那个时代的茶事之美。

灵山惟岳，奇产所钟。瞻彼卷阿，实曰夕阳。厥生荈草，弥谷被岗。承丰壤之滋润，受甘霖之霄降。月惟初秋，农功少休；结偶同旅，是采是求。水则岷方之注，挹彼清流；器择陶简，出自东隅；酌之以匏，取式公刘。惟兹初成，沫沉华浮，焕如积雪，晔若春敷。若乃淳染真辰，色绩青霜，白黄若虚。调神和内，倦解慵除。

《荈赋》从茶的种植、生长环境讲到采摘时节，又从劳动场景讲到烹茶、选水以及茶具的选择和饮茶的效用等。如文中所写"灵山惟岳""丰壤"指的是茶树的生长环境；"月惟初秋"指的是采摘时节；"结偶同旅"指的是采摘场景；"岷方""清流"指的是对水的选择；"陶简""东隅"和"酌之以匏"指的是对茶具的选择；"沫沉华浮，焕如积雪"指的是烹茶初成时茶汤的美好状态；"调神和内，倦解慵除"指的是饮茶的功效。根据《荈赋》的记载，可以看出当时在饮茶发源地巴蜀一带，已经有了中国茶艺的雏形。

《荈赋》在我国现存的古代茶文学作品中具有重要地位。陆羽在《茶经》中三次提到杜育的作品，这在《茶经》一书中非常罕见。《荈赋》第一次全面而真实地

诗情画意写茶事——《荈赋》赏析 🔍

叙述了中国历史上有关茶树种植、培育、采摘、用水选择、茶器选择、冲泡、品饮等茶事活动，是研究茶文化的珍贵资料。

第二节　茶文化发展期

隋唐五代，是茶文化快速发展的重要时期。

隋唐初期，饮茶主要从药用角度出发。中唐时期，饮茶普及全国，茶业兴盛，茶叶生产发达，收茶税，行榷茶，创贡茶院，立贡茶制，佛门茶事盛行。

一、陆羽《茶经》

陆羽《茶经》问世，使茶道大行。《茶经》成为茶文化发展的重要标志。《茶经》共7 000多字，分三卷十章，是世界上第一部茶文化专著。

唐代蒸青作饼的茶叶加工方式逐渐完善，陆羽《茶经》记载："晴，采之，蒸之，捣之，拍之，焙之，穿之，封之，茶之干矣。"唐代的茶叶生产过程是在晴天将茶叶采下，上甑蒸一下，然后将蒸软的茶叶用杵臼成茶末，放在模具中拍

压成团饼，将茶饼穿起来进行烘焙，最后封存。

陆羽在《茶经》中记载了烹茶的方式，也称煎茶法。饮茶时，先要将饼茶放在火上烤炙，去掉水分，然后用茶碾将茶饼碾成粉末，再用筛子筛出细末，放到开水中去煮。陆羽特别提到了煎茶的"三沸"，对于煎茶不同阶段水加热过程中呈现的不同状态以及要采取的关键措施进行了精要概括：煮水时，水面出现细小的水珠像鱼眼一样，并"微有声"，称为"一沸"，此时加入一些盐到水中调味；当锅边水泡如涌泉连珠时，称为"二沸"，这时要用瓢舀出一瓢开水备用，以竹夹在锅中心搅打，然后将茶末从锅中心倒进去；稍后锅中的茶水"腾波鼓浪""势若奔涛溅沫"，称为"三沸"，此时要将刚才舀出来的那瓢水再倒进锅里"救沸育华"，这样茶汤就算煮好了。如果再继续烹煮，陆羽认为"水老不可食也"。最后，将煮好的茶汤舀进碗里饮用。"凡煮水一升，用末（茶末）方寸匕，若好薄者减之，嗜浓者增之"，"凡煮水一升，酌分五碗，乘热连饮之"。

唐代文学作品中对煎茶法有很多描述，如刘禹锡《西山兰若试茶歌》中有"骤雨松声入鼎来，白云满碗花徘徊"的诗句，皎然《对陆迅饮天目山茶，因寄元居士晟》中有"文火香偏胜，寒泉味转嘉；投铛涌作沫，著碗聚生花"的诗句，卢仝《走笔谢孟谏议寄新茶》中有"碧云引风吹不断，白花浮光凝碗面"的诗句。

除了陆羽所提倡的在当时社会上较盛行的饮茶方法外，民间还保留着其他饮茶方法。《茶经·六之饮》指出："饮有粗茶、散茶、末茶、饼茶者。"因存在不同种类的茶叶，其饮用方法自然也就不同。陆羽所提倡的是饼茶的饮用方法。

另有一种方法是"乃斫、乃熬、乃炀、乃舂，贮于瓶缶之中，以汤沃焉，谓之痷茶"，即：将饼茶舂成粉末放在茶瓶或缶中，用开水冲泡，不用烹煮。这是末茶的饮用方法。还有一种方法是"或用葱、姜、枣、橘皮、茱萸、薄荷之等，煮之百沸，或扬令滑，或煮去沫，斯沟渠间弃水耳，而习俗不已"，被陆羽视为"渠沟间弃水"的这种饮茶法就是《广雅》所记述的荆、巴地区的煮茗方法，从三国到唐代数百年间一直在民间流传。

陆羽《茶经》的审美

二、贡茶制度

唐代设置了皇家贡茶院，推行贡茶制度。开元年间（713—741）和天宝年间（742—756）之前，各地贡茶的文献记录甚少，据杜佑《通典》、李吉甫《元和郡县图志》记载，只有4例：峡州茶250斤，金州茶芽1斤，吉州茶、溪州茶芽100斤。贡茶地域尚局限于山南道二州、江南西道一州、黔中道一州。随着中央财政及管理制度的变化，贡茶州府和贡茶数量大增。《新唐书·地理志》记载，长庆年间（821—824）以后，贡茶州府达到17个，分别是怀州、峡州、归州、夔州、金州、兴元府、寿州、庐州、蕲州、申州、常州、湖州、睦州、福州、饶州、溪州、雅州。上述地区，分布于今天的河南、湖北、四川、陕西、安徽、江苏、浙江、福建、江西、湖南等省。

唐代贡茶产地广、类型多。翰林学士李肇《唐国史补》记载，贡茶有十余品目，即剑南"蒙顶石花"、湖州"顾渚紫笋"、东川"神泉小团"、峡州"芳蕊""碧涧明月""茱萸簝"、夔州"香山"、江陵"南木"、岳州"瀍湖含膏"、常州"义兴紫笋"、婺州"东白"、睦州"鸠坑"、洪州"西山白露"、寿州"霍山黄芽"、蕲州"蕲门团黄"等。

唐代最著名的贡茶院设在湖州长兴和常州义兴（今宜兴）交界的顾渚山。《长兴县志》记载，顾渚贡茶院建于唐代宗大历五年（770），规模很大，"役工三万人""工匠千余人"。其制茶工场有三十间，烘焙灶有百余所，生产贡茶万串（每串一斤）。陆廷灿《续茶经》引《旧五代史》记载："乾化五年十二月，两浙进大方茶二万斛。"为提高贡茶品质，每年在贡茶产制地区进行贡茶评比。白居易的《夜闻贾常州崔湖州茶山境会亭欢宴》，是常为人们所传诵的咏茶名诗，描写了两郡太守在境会亭欢宴的情景。

遥闻境会茶山夜，珠翠歌钟俱绕身。

盘下中分两州界，灯前合作一家春。

青娥递舞应争妙，紫笋齐尝各斗新。

自叹花时北窗下，蒲黄酒对病眠人。

太湖周围的湖州、常州等州郡多产名茶。在唐代，最著名的是湖州的紫笋茶和常州的阳羡茶，深受唐朝皇帝和权贵的喜爱。在贡茶制度建立以后，紫笋茶和阳羡茶都被列为贡茶。每年早春，湖州刺史和常州刺史都要在两州毗邻的顾渚山境会亭举办盛大茶宴，邀请当时的社会名流共同品尝和审定贡茶的质量。唐敬宗宝历年间（825—827），湖州崔刺史和常州贾刺史共同邀请时任苏州刺史的白居易赴境会亭茶宴，可是白居易因病不能参加，于是写下这首《夜闻贾常州崔湖州茶山境会亭欢宴》，诗中表达了对不能参加这次茶山盛宴的惋惜之情。

三、茶道形成

唐代诗僧皎然在《饮茶歌诮崔石使君》中最早提出了"茶道"的概念。

> 越人遗我剡溪茗，采得金芽爨金鼎。
>
> 素瓷雪色缥沫香，何似诸仙琼蕊浆。
>
> 一饮涤昏寐，情来朗爽满天地。
>
> 再饮清我神，忽如飞雨洒轻尘。
>
> 三饮便得道，何须苦心破烦恼。
>
> 此物清高世莫知，世人饮酒多自欺。
>
> 愁看毕卓瓮间夜，笑向陶潜篱下时。
>
> 崔侯啜之意不已，狂歌一曲惊人耳。
>
> 孰知茶道全尔真，唯有丹丘得如此。

在皎然这里，茶汤是"诸仙琼蕊浆"，清逸脱俗，品茶悟道，是精神境界的美好享受。

茶圣陆羽在《茶经》中提出："茶之为用，味至寒，为饮最宜精行俭德之人。""精行俭德"是陆羽一贯倡导的茶道精神。茶仙卢仝的《七碗茶歌》，进一步阐释了茶道精髓。唐元和六年（811），卢仝收到好友谏议大夫孟简送来的茶叶，又邀韩愈、贾岛等人在桃花泉煮饮时，写下《走笔谢孟谏议寄新茶》，著名的《七碗茶歌》是其中最精彩的部分。卢仝的茶歌所表达的饮茶感受，不仅是口腹之欲，而是将茶的药理、药效融入其中，醒神益体，激发文思，凝聚万象。他用简洁凝练的语言生动地描摹了一个妙不可言的境界。

一碗喉吻润，二碗破孤闷。

三碗搜枯肠，惟有文字五千卷。

四碗发轻汗，平生不平事，尽向毛孔散。

五碗肌骨清，六碗通仙灵。

七碗吃不得也，唯觉两腋习习清风生。

《七碗茶歌》，不仅在国内广为流传，而且在世界其他地区也被广泛地传播。

唐代，茶文化西传边疆、东播日本。文成公主入藏时，将茶带入吐蕃，茶叶逐渐成为边疆少数民族的日常生活必需之物。日本僧人最澄曾旅居天台国清寺，回国时将茶树种子和茶文化带回日本，促进了中国茶文化的国际化传播。

第三节　茶文化成熟期

宋、元、明、清为中国茶文化的成熟期。

一、龙凤团茶

宋代，茶叶生产大发展，出现了大茶园——"茶焙""水磨坊"，福建有官焙，贡茶盛极。

宋代制茶技术发展很快，茶叶新品不断涌现。宋代皇室饮茶之风较唐代更盛。北宋年间，做成团片状的龙凤团茶盛行。龙凤团茶是北宋的贡茶。太平兴国三年（978），宋太宗遣使至福建建安北苑（今福建省建瓯市东峰镇），监督制造一种皇家专用的茶，因茶饼上印有龙凤形的纹饰，所以叫"龙凤团茶"。龙凤团茶是宋代宫廷茶文化发展的重要标志。

宋代茶叶生产的中心，已由长江中下游的湖州、宜兴一带，向更南方的福建一带转移，皇室的贡焙基地（专门生产贡茶的地方）也移至福建建安，此地生产的茶叶即称为"建茶"。建茶是专供皇室享用的贡茶，因此，其培植与采制技术也更为精良，并逐渐发展成为中国团茶（饼茶）的制作中心。由于其主要产地内的凤凰山一带，当时制团茶的焙房面北开户，名为"北苑"，又因所产茶叶供皇室享用，故称"北苑龙焙"，也称"北苑茶"。北苑茶名目繁多，精品迭出，达到了饼茶生产的高峰。龙凤团茶是一种饼状团茶，属片茶类，也被称为"龙凤茶""龙团""北苑茶""北苑贡茶"等。北苑龙凤团茶始于南唐，盛于宋、元，止于明初。四百多年间，它一直作为国内"贡茶"中的上品，专供皇室享用。

龙凤团茶又分为大龙团、大凤团、小龙团、小凤团等四种。大团八饼重一斤，小团二十饼重一斤。大小团茶又按质量不同分为十个等级，分别为龙茶、凤茶、京挺、的乳、石乳、头金、白乳、蜡面、头骨、次骨。

龙凤团茶的制造工艺，有蒸茶、榨茶、研茶、造茶、过黄、烘茶等六道工序。茶芽采回后，先在水中浸泡，挑选匀整芽叶进行蒸青，蒸后冷水清洗，然后小榨去水，大榨去茶汁，去汁后置瓦盆内兑水研细，再入龙凤模压饼、烘干。

作为贡茶的龙凤团茶极为珍贵，即便是朝廷官员也不易得，如蒙皇上赐茶，便是十分恩宠了。一代名臣欧阳修在朝二十余年，亦仅得赐茶一饼，可见其难。赐茶的象征意义已大大超过了其经济和实际使用价值，而成为一种礼遇的标志了。这样名冠天下的好茶有一饼在手，北宋诗人王禹偁奉若珍宝。

龙凤茶

王禹偁

样标龙凤号题新，赐得还因作近臣。

烹处岂期商岭水，碾时空想建溪春。

香于九畹芳兰气，圆似三秋皓月轮。

爱惜不尝惟恐尽，除将供养白头亲。

宋代在朝仪中加进了茶礼。贵族在婚嫁中引入了茶仪，在彩礼中也加入了茶，后世民间婚俗中的"下茶礼"即由此而来。

在龙凤团茶的制作工序中，冷水快冲可保持茶叶的绿色，提高了茶叶质量。其缺点是水浸和榨汁的做法会夺走真味，使茶香损失极大，且整个制作过程耗时费工。因此，后来出现了蒸青散茶。宋代在蒸青团茶的生产中，为了改进苦味难除、香味不正的缺点，逐渐采取蒸后不揉不压直接烘干的做法，将蒸青团茶改造为蒸青散茶来保持茶的香味，同时还出现了对散茶的鉴赏方法和品质要求。

龙凤团茶

《宋史·食货志》记载："茶有二类，曰片茶，曰散茶。""片茶"即饼茶。

二、宋代点茶

宋代流行点茶法。点茶法是在唐代煎茶法基础上发展而成的，萌芽于唐，盛行于宋。宋代蔡襄在《茶录》中记载，宋代点茶要先将饼茶烤炙，再敲碎碾成细末，用茶罗将茶末筛细。"罗细则茶浮，粗则水浮。"点茶时，"钞茶一钱匕，先注汤调令极匀，又添注入环回击拂。汤上盏可四分则止，视其面色鲜白，著盏无水痕为绝佳"。即将筛过的茶末放入茶盏中，注入少量开水，搅拌得很均匀，再注入开水，用一种竹制的茶筅反复击打，使之产生泡沫（汤花），以汤花均匀细腻、颜色洁白、茶盏边壁不留水痕为最佳状态。

宋代点茶法和唐代煎茶法最大的不同之处就是：不再将茶末放到锅里去煮，而是放在茶盏里，注入开水，加以击拂，产生泡沫再饮用，不添加食盐，以保持茶的真味。点茶法从宋代开始传入日本，流传至今。现在日本茶道中的抹茶道采用的就是点茶法。

点茶法也是宋代斗茶时所采用的方法。斗茶实际上就是茶艺比赛，比试茶艺高低和茶汤质量高下。其通常是二三人或三五知己聚在一起，煎水点茶，互相评比，看谁的点茶技艺更高，点出的茶色、香、味都比别人更佳。斗茶

松风鸣雪兔毫霜——兔毫盏

评判有两条具体标准：一是斗色，看茶汤表面的色泽和均匀程度，鲜白者为胜；二是斗水痕，看茶盏内的汤花与盏内壁相接处有无水痕，水痕少者为胜。斗茶时所使用的茶盏是黑色的，它更容易衬托出茶汤的白色，茶盏上是否附有水痕也更容易看出来。因此，当时福建生产的黑釉茶盏最受欢迎。

　　宋代画作中有很多关于点茶的场景，如刘松年的《撵茶图》（见图2-1），以工笔白描的手法描绘了从磨茶到烹点的过程，充分展示了茶会中宋代文人雅士的风雅之情和高洁志趣，是宋代点茶场景的真实写照。

图2-1　（宋）刘松年《撵茶图》（局部）

　　宋徽宗赵佶的《文会图》（见图2-2、图2-3）描绘了达官贵族雅集的盛大场面：庭院中，文士围坐，神情各异，潇洒自如；侍者往来其间，有的忙于备茶，有的忙于分茶。

图 2 - 2　宋徽宗赵佶《文会图》

图 2-3　赵佶《文会图》(局部)

分茶又称茶百戏、水丹青，是在点茶的基础上使茶汤纹脉形成物象、幻茶成诗成画的茶道（见图 2-4）。古诗词中有许多描写分茶的场景，如宋代杨万里的《澹庵坐上观显上人分茶》，描写了一位分茶高手的技能。

图 2-4　分茶

澹庵坐上观显上人分茶

杨万里

分茶何似煎茶好，煎茶不似分茶巧。

蒸水老禅弄泉手，隆兴元春新玉爪。

二者相遭兔瓯面，怪怪奇奇真善幻。

纷如擘絮行太空，影落寒江能万变。

银瓶首下仍尻高，注汤作字势嫖姚。

不须更师屋漏法，只问此瓶当响答。

紫微仙人乌角巾，唤我起看清风生。

············

此外，还有欧阳修的"停匙侧盏试水路，拭目向空看乳花"，陆游的"矮纸斜行闲作草，晴窗细乳戏分茶"，等等，都是关于分茶的名句。

三、《大观茶论》

《大观茶论》是宋徽宗赵佶所著的关于茶的专论，成书于大观元年（1107），全书共二十篇。《大观茶论》首为绪言，次列地产、天时、采择、蒸压、制造、鉴辨、白茶、罗碾、盏、筅、瓶、杓、水、点、味、香、色、藏焙、品名、外焙等，对北宋时期蒸青团茶的产地、采制、烹试、品质、斗茶风尚等均有述及。

《大观茶论》将深刻的哲理、生活的情趣寓于对茶的简明扼要的论述中。

其在论述"蒸芽压黄之得失"时说："蒸太生，则芽滑，故色清而味烈；过熟，则芽烂，故茶色赤而不胶。压久则气竭味漓，不及则色暗味涩。蒸芽欲及熟而香，压黄欲膏尽亟止。如此，则制造之功十已得七、八矣。"蒸芽压黄，最重要的是掌握火候，过与不及都不行。而做到恰到好处，既需要技术，又需要智慧，这需要在长期的生产生活实践中积累。

其在采茶方面，基本采纳了前人的见解，但更为简明，并在生动形象的描述中无形地提高了人们的鉴茶能力。采茶的时间是"黎明，见日则止"。采茶的具体要求是"用爪断芽，不以指揉"，主要是因为"虑气汗熏渍，茶不鲜洁"。对于茶的品级，"凡芽如雀舌谷粒者为斗品，一枪一旗为拣芽，一枪二旗为次之，余斯为下茶。茶始芽萌，则有白合；既撷，则有乌蒂，白合不去，害茶味；乌蒂不去，害茶色。"

"点茶"部分是《大观茶论》的精华，见解精辟，论述深刻，从一个侧面反映了北宋以来我国茶业的发达程度和制茶技术的发展状况，也为我们认识宋代茶文化提供了珍贵的文献资料。点茶讲究力道的大小，力道和工具运用的和谐。它对手指、腕力的描述尤为精彩，点茶的乐趣、生活的情趣跃然而出。

《大观茶论》论点茶

《大观茶论》自问世以来，不仅促进了中国茶业的发展，而且极大地推进了中国茶文化的发展。宋代已成为中国茶文化发展的重要时期。

宋代茶馆兴起，饮茶风盛，在文人中出现了专业品茶社团——官员组成的"汤社"、佛教徒的"千人社"等。

今天，在茶文化传承创新的背景下，仿宋点茶受到了人们的喜爱。现在仿宋点茶用的原材料主要是抹茶粉，所用茶器比古代更为简化，主要有汤瓶、茶筅、建盏、茶匙、水盂等。

黄金碾畔绿尘飞，碧玉瓯中翠涛起——点茶实操与鉴赏

仿宋点茶现已成为了文化交流的重要内容。2018年3月，实习于杭州湖畔居茶楼的浙江旅游职业学院2015级学生袁佳莉点茶在中国国际电视台（CGTN）西班牙语频道播出（见图2-5）。

图 2 - 5　仿宋点茶

四、元明清泡茶法

元、明、清为中国茶文化的稳步推进期。

元代，名茶增多，饼茶、散茶并行，重散略饼。从茶叶加工制作来看，元代蒸青技术更加简单，炒青技术也慢慢发展起来。元代饮茶方式较为多元化，点茶、煎煮等饮茶方式都有。元代煎煮茶叶，已较少使用或者不使用香料和调料。

明代，明太祖朱元璋下诏令"罢造龙团，唯采芽茶以进"，废除了饼茶进贡，改为以散茶进贡。社会上盛行炒青的条形散茶，随冲随饮。黄茶、黑茶、花茶工艺形成，后来又增加了红茶、乌龙茶。

明清时期盛行冲泡法饮茶，直接将茶叶放入茶壶或茶杯，用开水沏泡，即可饮用。这种方法也称为撮泡法，不仅简便，而且保留了茶叶的清香味，受到讲究品茶情趣的文人们的欢迎。

明代张源《茶录》"汤辨"条记载："汤有三大辨、十五小辨。一曰形辨，二曰声辨，三曰气辨。""形为内辨，声为外辨，气为捷辨。如虾眼、蟹眼、鱼眼连珠，皆为萌汤，直至涌沸如腾波鼓浪，水气全消，方是纯熟；如初声、转声、振声、骤声，皆为萌汤，直至无声，方是纯熟；如气浮一缕、二缕、三四缕，及缕乱不分、氤氲乱绕，皆为萌汤，直至气直冲贯，方是纯熟。""汤用老嫩"条称："今时制茶，不假罗磨，全具元体，此汤须纯熟，元神始发也。"

明代，钱塘（今浙江杭州）人陈师撰于 16 世纪末的《茶考》，主要内容包括蒙顶茶、旗枪及江浙皖一带名茶的采摘、制造、贮藏之法，同时也反映了古今饮茶方式的变迁。其这样记载杭州的饮茶风俗："杭俗，烹茶用细茗置茶瓯，以沸汤点之，名为撮泡。"

典型的撮泡法是形成于明代，完善于清代，至今盛行于闽、粤、台沿海一带的"工夫茶"。工夫茶是乌龙茶特有的泡茶方式。清代高继珩《蝶阶外史·工夫茶》记载，工夫茶具体冲泡程式如下："壶皆宜兴砂质。龚春、时大彬，不一式。每茶一壶，需炉铫三候汤，初沸蟹眼，再沸鱼眼，至连珠沸则熟矣。水生汤嫩，过熟汤老，恰到好处，颇不易。故谓天上一轮好月，人间中火候一瓯，好茶亦关缘法，不可幸致也。第一铫水熟，注空壶中荡之泼去；第二铫水已熟，预用器置茗叶，分两若干立下壶中，注水，覆以盖，置壶铜盘内；第三铫水又熟，从壶预灌之周四面，则茶香发矣。瓯如黄酒卮，客至每人一瓯，含其涓滴咀嚼而玩味之；若一鼓而牛饮，即以为不知味。肃客出矣。"由上可知，工夫茶使用的茶具是宜兴紫砂壶，有的人泡茶还要使用龚春、时大彬等名家制作的紫砂壶。此时的品茶十分重视沥泡技巧，追求艺术韵味。这是达官贵人和知识分子的雅趣。

普通老百姓为了解渴而泡茶，只要将茶叶放进壶里或杯中，冲入开水，稍停片刻即可饮用。这是最简单的撮泡法。

撮泡法自明代以来在中国流行 600 多年，直到今天仍是大众饮茶的主要方式。当今，在社会交往和家庭生活中以茶会友，细品热茶的传统饮茶方式广受重视，清饮冲泡也备受人们喜爱（见图 2-6）。

碧窗烟细茶翻乳
——明代泡茶法

图 2 - 6　杭州你我茶燕茶艺师盖碗清饮冲泡

五、六大茶类形成

茶叶的炒制方法逐渐从蒸青发展到炒青。相比于饼茶和团茶，茶叶的香味在蒸青散茶中得到了更好的保留。然而，使用蒸青方法依然存在香味不够浓郁的缺点，于是出现了利用干热发挥茶叶优良香气的炒青技术。炒青绿茶自唐代已有，嫩叶经过炒制而满室生香。经唐、宋、元代的进一步发展，炒青绿茶逐渐增多，到了明代，炒青制法日趋完善，在《茶录》《茶疏》《茶解》中均有详细记载。其制法为高温杀青—揉捻—复炒—烘焙至干，这种工艺与现代炒青绿茶制法非常相似。

在制茶的过程中，由于注重确保茶叶的香气和滋味，通过不同的加工方法，从不发酵、半发酵到全发酵一系列不同发酵程序所引起的茶叶内质变化中，探索到了一些规律，至清代制成色、香、味、形等品质特征不同的六大茶类，即绿茶、红茶、青茶（乌龙茶）、白茶、黄茶、黑茶。

茶加香料或香花的做法有悠久的历史。宋代蔡襄《茶录》中提到："茶有真香，而入贡者微以龙脑和膏，欲助其香。"南宋已有茉莉花焙茶的记载："茉莉，岭表所产……古人用此花焙茶。"明代窨花制茶技术日益完善，用于制茶的花品种繁多，有桂花、茉莉、玫瑰、蔷薇、兰蕙、栀子、梅花等。

参考资料

1. 郑贞富. 挹彼清流且煎茶——走近茶道之祖杜育［N］. 洛阳日报，2013 - 06 - 03（11）.

2. 朱自振，沈冬梅，增勤. 中国古代茶书集成［M］. 上海：上海文化出版社，2010：125.

3. 陈文华. 我国饮茶方法的演变［J］. 农业考古，2006（2）：118 - 124.

4. 沈冬梅. 唐代贡茶研究［J］. 农业考古，2018（2）：13 - 22.

本章小结

内容提要

本章讲述了中国茶文化的主要发展阶段，以及不同阶段茶文化发展的主要特色。从原始社会时期直接含嚼茶树鲜叶，到生煮羹饮、煮茶、煎茶、点茶、泡茶……反映了中国茶文化丰富多彩的利用方式和发展历程。

核心概念

三沸；点茶；撮泡法。

重点实务

点茶学习。

复习题

1. 简述中国主要的饮茶方式。

2. 宋代斗茶的主要标准是什么？

讨论题

煮茶、点茶、撮泡等不同饮用方式产生的背景及主要特色是什么？

实训项目

仿宋斗茶比赛。

第三章 多彩家族
——茶的分类

> **学习要求：**通过学习，掌握茶叶分类的依据、主要茶类的品质特征和主要制作工序，了解代表性的茶品。

第一节 茶叶分类

一、茶叶分类方法

我国是世界上发现、利用、栽培茶树最早的国家，茶类丰富，茶叶品种繁多。随着科学技术的不断发展，茶类花色还在不断增加。目前，我国茶叶分类的方法尚无统一标准。

按照季节分类，可将茶叶分为春茶、夏茶、秋茶、冬茶。在清明前采摘的春茶为明前茶，在谷雨前采摘的春茶为雨前茶。绿茶中以明前茶品质最好，但数量少、价格高。

按照质量级别分类，可将茶叶分为特级、一级、二级、三级、四级、五级等，有的特级茶还可细分为特一、特二、特三等，普洱散茶分为特级、一级、二级……十级，共十一级。

按照我国出口类别分类，可将茶叶分为绿茶、红茶、青茶（乌龙茶）、白茶、花茶、紧压茶、速溶茶等几大类。

按照茶叶的产地分类，可将茶叶分为川茶、浙茶、闽茶等。

我国现代茶学中应用最为广泛、得到较多认可的是将茶叶分为基本茶类和再加工茶类。基本茶类是指茶叶鲜叶经过不同加工工艺形成的具有不同品质特征的各类茶叶。在茶叶加工过程中茶叶内含成分产生变化，其中多酚类化合物的变化比较明显，依其氧化程度、快慢、先后等不同而呈现不同的色泽。按照制法和品质的特点、多酚类化合物的氧化程度以及应用习惯分类，可将茶叶分为绿茶、红茶、青茶（乌龙茶）、白茶、黄茶、黑茶六大茶类，各茶类又细分为不同类型。再加工茶类是指以基本茶类为原料进一步加工所形成的茶类产品。

西方国家则把茶简单分为三大类：半发酵茶、全发酵茶和无发酵茶。半发酵茶为乌龙茶，全发酵茶为红茶，无发酵茶为绿茶。

二、基本茶类

按照茶叶制法和品质分类，可将茶叶分为绿茶、红茶、青茶（乌龙茶）、白茶、黄茶、黑茶六大茶类，这六类茶是基本茶类。

（一）绿茶

绿茶是我国产量最多的一类茶，其总的品质特征是清汤绿叶，属未发酵茶。

绿茶加工工艺：鲜叶→杀青→揉捻→干燥。

绿茶是人类制茶史上最早出现的加工茶。原始社会后期，人们摘下茶树鲜叶，鲜食或晒干保存。随着生产力水平的不断提高，人们开始对鲜叶进行加工，三国时期开始做饼茶，至唐代创制蒸青团茶，宋代末期开始做蒸青散茶，明代完善炒青散茶制法。

绿茶的制作，一般是采摘鲜嫩的芽叶，通过高温杀青、揉捻、干燥而成。其中杀青是制作绿茶的主要工序，通过蒸汽加温或锅炒等干燥工序，破坏鲜叶中的酶活性，制止茶多酚的氧化使茶叶变红，以保证绿茶清汤绿叶的品质特征。

按照杀青和干燥方法分类，绿茶又进一步分为炒青、烘青、蒸青、晒青四类。炒青、烘青、晒青的主要区别在于干燥方法的不同，分别采用炒干、烘干和晒干工艺，而杀青工艺一样；蒸青则采用蒸汽杀青方式。炒青茶如西湖龙井，烘青茶如黄山毛峰，蒸青茶

绿茶

如恩施玉露。

（二）红茶

红茶属全发酵茶，其总的品质特征是红汤红叶，与绿茶的清汤绿叶有着明显区别。

红花加工工艺：鲜叶→萎凋→揉捻（切）→发酵→干燥。

发酵是红茶加工中的关键工序。茶叶经过揉捻或揉切的过程，充分破坏茶叶细胞，茶多酚在自身酶的作用下发生氧化反应，生成茶黄素、茶红素、茶褐素等茶色素，与红茶中的氨基酸、蛋白质、糖、咖啡因、有机酸等物质共同形成了红茶红叶红汤的品质特征。

初制工艺不同，红茶的成品品质亦不同，故有小种红茶、工夫红茶与红碎茶之分。

1. 小种红茶

小种红茶为我国福建特产，初制工艺是萎凋、揉捻、发酵、过红锅（杀青）、复揉、熏焙等六道工序。传统工艺的小种红茶，制作过程中由于采用松柴明火加温萎凋和干燥，干茶带有浓烈的松烟香。

2. 工夫红茶

按照产地分类，工夫红茶可分为祁红、滇红、宁红、宜红、闽红、湖红等，品质各具特色，最为著名的当数安徽祁门所产的祁红和云南所产的滇红。

3. 红碎茶

红碎茶初制工艺中，以揉切代替揉捻。揉切的目的是充分破坏叶组织，使干茶中的内含成分更易泡出，形成了红碎茶汤色鲜红、香气鲜浓、滋味醇厚的品质特征。

红茶 🔍

（三）青茶（乌龙茶）

乌龙茶主要产于我国的福建、台湾和广东，属半发酵茶类。其品质特征是：干茶外形青褐，汤色黄红，有天然花香，滋味浓醇，叶底有红有绿，形成了不同于其他茶类的"绿叶红镶边，三红七绿"的明显特征。

乌龙茶加工工艺：鲜叶→晒青→晾青→做青→杀青→揉捻（包揉）→烘焙。

做青是乌龙茶加工中的关键工序。做青是指通过机械碰撞使叶片发生局部氧化。做青过程中鲜叶的香气有了复杂而丰富的变化，原本的青味逐渐向花香、果香、蜜香转变。

乌龙茶因茶树品种的特异性而形成了各自独特的风味，产地不同使得品质差异也十分显著。因此，乌龙茶的品类主要根据产地划分，可分为闽北乌龙茶、闽南乌龙茶、广东乌龙茶和台湾乌龙茶。

1. 闽北乌龙茶

闽北乌龙茶产地在福建北部武夷山一带，主要分为武夷岩茶、闽北水仙、闽北乌龙等品类，其中以武夷岩茶最为出名。

2. 闽南乌龙茶

闽南乌龙茶以福建安溪一带生产的铁观音最为著名，是闽南乌龙茶中的佳品。

3. 广东乌龙茶

广东乌龙茶盛产于粤东地区的潮安、饶平等地，品种主要有凤凰单丛、凤凰水仙、岭头单丛、饶平色种等，其中凤凰单丛品质最优。

4. 台湾乌龙茶

台湾乌龙茶，其品种和加工技术最早都是从大陆传播去的。发展至今，最出名的台湾乌龙茶是产于南投县的冻顶乌龙。

乌龙茶

（四）白茶

白茶的品质特征是干茶外表满披白毫，绿叶红筋，汤色清淡，味鲜醇，属微发酵茶。

白茶加工工艺：鲜叶→萎凋→自然干燥（或烘焙）。

萎凋是白茶制作的关键工艺，将采下的鲜叶按一定厚度摊放，通过晾晒，使鲜叶呈现萎蔫状态。白茶主产于福建的福鼎、政和、松溪等地，台湾也有少量生产。白茶主要根据鲜叶原料的采摘嫩度和茶树品种命名，根据采摘标准可分为白毫银针、白牡丹、贡眉等。

白茶

（五）黄茶

黄茶的基本品质特征是色黄、汤黄、叶底黄，香味清悦醇和。

黄茶加工工艺：鲜叶→杀青→（+闷黄）→揉捻→（+闷黄）→干燥（初干+

闷黄）。闷黄工序有的在杀青之后，有的在揉捻之后，也有的在初烘（或初炒）之后。闷黄工序是形成黄茶"黄汤黄叶"品质特征的关键所在。

黄茶按照其鲜叶老嫩、芽大小分类，可分为黄芽茶、黄小茶和黄大茶。其中，黄芽茶主要有君山银针、蒙顶黄芽和莫干黄芽等。

黄茶 🔍

（六）黑茶

黑茶的基本品质特征是色泽黑褐油润，汤色褐黄或褐红，滋味醇和，无苦涩。

黑茶加工工艺：杀青→揉捻→晒干→（晒青毛茶）→渥堆→压饼。

渥堆是黑茶加工工艺中的关键工序，它是指在特定的微生物菌落和一定的湿热作用下茶叶的后发酵过程。在这个过程中，大量苦涩味的物质转化为刺激性小、苦涩味弱的物质，水溶性糖和果胶增多，形成黑茶的特有品质。不同黑茶渥堆的时间有所不同，有的黑茶需要几个小时，也有的黑茶需要数天，有的黑茶需要经过多次渥堆。

黑茶一般原料较粗老，制作过程中往往堆积发酵时间较长，因叶色油黑或黑褐而得名。黑茶的香味较为醇和，汤色深，橙黄带红。黑毛茶可直接饮用，也可经精制后再加工成紧压茶，少数压成篓装茶，还有的经晒青后加工成紧压黑茶。黑茶主产于湖南、湖北、四川、云南和广西等省（区），各种黑茶的紧压茶是我国少数民族日常生活的必需品。

按照产地和加工工艺的特点分类，黑茶可分为：云南普洱茶，如七子饼茶、沱茶等；广西六堡茶；湖南黑茶，如安化黑茶、千两茶、三尖茶（天尖茶、贡尖茶、生尖茶）、三砖茶（黑砖茶、花砖茶、茯砖茶）等；湖北老青砖茶；四川边茶，如康砖茶、金尖茶、方包茶等。

黑茶 🔍

三、再加工茶类

（一）花茶

花茶是用茶和香花进行拼和窨制使茶叶吸收花香而制成的茶，亦称熏花茶。我国生产花茶的主要省（区）有福建、广西、江苏、湖南、浙江、四川、广东、台湾等。我国花茶中产量最多的是茉莉烘青。各种花茶独具特色，但总的品质特征是香气鲜灵浓郁、滋味浓醇鲜爽、汤色明亮。

（二）紧压茶

以黑毛茶、老青茶等为原料，经过渥堆、蒸、压等典型工艺过程，加工成砖形或其他形状的茶，称为"紧压茶"。按照采用原料茶的类别分类，可分为绿茶紧压茶、红茶紧压茶、乌龙茶紧压茶和黑茶紧压茶，一般以黑茶紧压茶为主。

（三）萃取茶

萃取茶包括以干茶为原料、用热水萃取茶叶中的可溶物、滤弃茶渣、用各种工艺手段制成的罐装或瓶装液态茶，或是通过浓缩、干燥等工艺将茶汤制成加水即溶的速溶茶等。

（四）药用保健茶

用茶叶和某些中草药配伍后制成的各种保健茶，使本来就有保健作用的茶叶更具有某些调理身体、防病治病之功效。药用保健茶种类繁多，功效也各不相同。

（五）含茶果味茶

含茶果味茶，是以红茶、绿茶、乌龙茶等提取液和果汁为主要原料，加糖和天然香料，经科学方法调制而成的饮料。这类饮品既有茶味又有果香味，种类丰富，如柠檬红茶、荔枝红茶、蜜桃乌龙茶等。

第二节　六大茶类案例解说

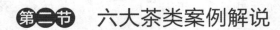

一、绿茶

绿茶是中国的主要茶类之一，产量大、品种多。绿茶冲泡后，色泽翠绿，保持了鲜叶的天然绿色。按照干燥方式分类，绿茶可分为炒青绿茶、烘青绿茶和晒青绿茶等。眉茶、珠茶、龙井茶等属于炒青绿茶，毛尖、毛峰等属于烘青绿茶。

相对于炒青绿茶，烘青绿茶条索更疏松、孔隙更多、茶叶更有吸附性，因此，加工花茶一般以烘青绿茶为原料。晒青绿茶是制作紧压茶的原料，主要分布在四川、云南一带。绿茶的杀青方式有热蒸汽杀青和高温炒制杀青。热蒸汽杀青的茶称为蒸青茶，蒸青是古代传统的杀青方式，现今仅有少量绿茶还沿用这一方式，如湖北的恩施玉露。

（一）西湖龙井

概况：西湖龙井（见图3-1）产于浙江省杭州市西湖区，主要集中在狮峰、龙井、五云山、虎跑、梅家坞、龙坞一带，其中狮峰龙井品质最佳。西湖龙井是清代的贡茶，"色绿、香郁、味甘、形美"被誉为西湖龙井"四绝"，享誉中外。

绿茶皇后——西湖龙井 🔍

品质特征：外形扁平挺秀光滑，色泽绿中显黄，呈糙米色；汤色黄绿明亮；香气高锐持久，有豆花香；滋味鲜醇。

图3-1　西湖龙井

（二）碧螺春

概况：碧螺春（见图3-2）产于江苏省苏州市太湖之滨的东、西洞庭山一带，这里茶树与果树间种，孕育了茶叶"花香果味"的天然品质。碧螺春之名，相传由康熙皇帝题名，已有1000多年的历史，当时民间最早叫洞庭茶，又叫"吓煞人香"。

品质特征：一嫩三鲜，即叶嫩，颜色鲜绿、香气清鲜、滋味鲜爽。条索纤细卷曲如螺，茸毛遍布，色泽银绿隐翠；汤色黄绿明亮，清香持久，滋味鲜爽。

图 3-2　碧螺春

（三）黄山毛峰

概况：黄山毛峰（见图 3-3）产于安徽省黄山地区，由清代光绪年间的茶商谢正安于 1875 年创制。因其白毫披身，芽尖似峰，且鲜叶采自黄山，故取名黄山毛峰。黄山毛峰属烘青绿茶，以其独特的"香高、味醇、汤清、色润"被誉为茶中精品，是中国十大名茶之一。

品质特征：外形细扁稍卷曲，如雀舌披银毫；色泽绿润显峰毫，带有金黄色鱼叶；汤色杏黄清澈，清香高长；滋味鲜浓，醇厚甘甜。

图 3-3　黄山毛峰

（四）蒙顶甘露

概况：蒙顶甘露（见图 3-4）产于四川省雅安市名山区蒙顶山。白居易诗云："琴里知闻唯渌水，茶中故旧是蒙山。"蒙顶甘露是中国最古老的名茶之一。相传西汉时期吴理真在蒙顶山发现野生茶的药用功效后，在蒙顶五峰之间培育了七株茶树。此后，民间开始广泛种植蒙顶茶，吴理真被尊称为"甘露祖师"。四川蒙顶山上至今还有吴理真手植七株仙茶的遗址。

品质特征：紧卷多毫，浅绿油润，叶嫩芽壮，芽叶纯整，汤黄微碧，清澈明亮，香气高爽，味醇甘鲜。

图 3 - 4　蒙顶甘露

（五）太平猴魁

概况：太平猴魁（见图 3-5）产于安徽省黄山市黄山区新明乡猴坑一带，属于烘青绿茶，是中国历史名茶，其色、香、味、形独具一格，有"刀枪云集，龙飞凤舞"的特色。猴魁茶有猴魁、魁尖、尖茶三个品类，以猴魁为上品。

品质特征：外形两叶抱一芽，扁平挺直，魁伟重实，色泽苍绿，兰香高爽，滋味甘醇，因其品质超群被誉为魁首，称太平猴魁。

图 3 - 5　太平猴魁

（六）安吉白茶

概况：安吉白茶（见图 3-6）产于浙江省湖州市安吉县，之所以名称中有"白茶"的叫法，是因为安吉白茶树是茶树的变种，初春的时候，由于气温低，茶树新梢有白化现象，茶芽呈白色或淡绿色，因而得名。安吉白茶是绿茶的一种。

品质特征：外形扁平挺直如凤羽，色泽玉白微黄，叶脉明显；汤色黄绿明亮，嫩香持久，滋味鲜爽。

图 3-6　安吉白茶

二、红茶

红茶的品质风格与绿茶截然不同，绿茶以保持茶叶天然绿色为贵，红茶则以汤色、叶底红艳为上。茶鲜叶经发酵后，叶色变红，故称红茶。根据其制作方式，可将红茶分为工夫红茶、小种红茶和红碎茶。工夫红茶是中国特有的传统红茶，以做工精细而得名，制作要求条索紧卷、完整；小种红茶制作工艺中的烘焙工序采用松柴明火熏制，使茶叶增加了浓烈的松烟香，这是小种红茶与工夫红茶最明显的区别；红碎茶是在工夫红茶制作技术的基础上发展起来的新品种，加工过程中茶叶被揉切成碎片，故称红碎茶，茶汁极易泡出，具有浓、强、鲜的品质特征。

（一）金骏眉

概况：金骏眉（见图 3-7）是红茶中正山小种的分支，原产于福建省武夷山市桐木村，由正山小种红茶第二十四代传承人江元勋带领团队在传统工艺的基础上通过创新融合，于 2005 年研制出的新品种红茶。

品质特征：外形细小紧秀，金毫显；汤色橙红明亮；香气馥郁，花果香显；滋味干爽细腻。

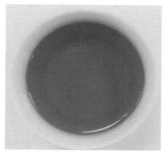

图 3-7　金骏眉

（二）祁红

概况：祁门红茶简称祁红（见图 3-8），产于安徽省祁门县。祁门红茶是红茶中的精品，是我国红茶中最著名的茶类。它与印度的阿萨姆红茶、大吉岭红茶和斯里兰卡的锡兰高地红茶并称世界四大红茶。

品质特征：条索紧细匀秀，显锋苗，色泽乌润，多金毫；汤色红艳；香气馥郁，具有花香、果香和蜜糖香等独特地域风味的香型，被称为"祁门香"；滋味醇和。

图 3-8　祁红

（三）滇红

概况：滇红（见图 3-9）是指云南红茶，产于云南省西南部的凤庆茶区，是世界闻名的红茶品种，包括滇红工夫茶和滇红碎茶。其中，滇红工夫茶是云南省传统出口商品，多年来行销欧美、中东等地，久负盛誉。

品质特征：采用云南大叶种制作而成，外形紧结肥壮，色泽乌润，多金毫；汤色红亮，香气鲜郁高长，滋味浓厚鲜爽。

图 3 - 9　滇红

（四）红碎茶

概况：红碎茶（见图 3 - 10）产于广东、云南等地。它是国际茶叶市场的大宗产品，目前占世界茶叶总出口量的 80% 左右。

品质特征：颗粒紧结重实，色泽棕黑油润；汤色红艳，香气鲜浓，滋味醇厚。

图 3 - 10　红碎茶

三、黄茶

黄茶制作过程中有闷黄工序，品质特征为黄叶黄汤。

（一）蒙顶黄芽

概况：蒙顶黄芽（见图 3 - 11）产于四川省蒙顶山，是中国黄茶之珍品，唐代就被列为贡品。它选择明前单芽为原料，运用独特的"包黄"工艺，精心制作，每千克干茶约需 8 万茶芽才能制成。

品质特征：外形扁平挺直，肥嫩多毫，色泽嫩黄油润；汤色黄绿明亮，甜香浓郁，滋味甘醇。

图 3 - 11 蒙顶黄芽

（二）君山银针

概况：君山银针（见图 3 - 12）产于湖南省岳阳市的君山岛，因外形似细针而得名，是我国十大名茶之一。唐代就已经出现，清代被列为"贡茶"。

品质特征：外形肥壮挺直，满披茸毛，香气清鲜，滋味甘爽，汤色浅黄。冲泡后，其芽头呈三起三落的杯中奇观，品饮之余，兼有观赏之雅趣。

图 3 - 12 君山银针

（三）霍山黄大茶

概况：霍山黄大茶（见图 3 - 13）产于安徽省霍山、金寨、大安等地，也称皖西黄大茶。

图 3 - 13 霍山黄大茶

品质特征：外形叶大梗长，梗叶相连，色泽黄褐；香气高爽，有焦香，似锅巴香；汤色黄亮，滋味醇厚。

四、白茶

白茶主产于福建福鼎、政和等地。白茶经过自然萎凋和慢火烘焙制作而成，制法不炒不揉，属轻发酵茶。白茶性清凉，具有退热降火的功效。民间有白茶"一年茶，三年药，七年宝"的说法。

白茶制作工艺看似简单，只有萎凋和干燥两道程序，实际上很不易掌握。茶农反映制作白茶风险大，春天怕发黑，夏天怕发红；制茶的温度、湿度、风速和时间都要控制得恰到好处，各个环节要密切配合才能制得优质白茶。

白茶代表性品类有白毫银针、白牡丹、贡眉等，其区别主要是原料采摘标准不同，白毫银针是单芽，白牡丹是一芽一叶或一芽二叶为主，贡眉则采用一芽二叶或一芽三叶制成。

（一）白毫银针

概况：白毫银针（见图3-14）产于福建东北部山区，主要产区为福鼎、柘荣、政和、松溪等市县。白毫银针创制于清嘉庆年间。

品质特征：芽头肥壮，白毫密披，色泽银灰；汤色杏黄明亮，有毫香，滋味醇厚回甘。

图3-14　白毫银针

（二）白牡丹

概况：白牡丹（见图3-15）产于福建省东北部山区，主要产区有福鼎、柘荣、政和、松溪等市县。白牡丹创制于1922年。

品质特征：芽叶连梗，形态自然，色泽浅灰，叶脉微红；汤色杏黄明亮，香气清和，滋味醇厚。

图3-15 白牡丹

五、青茶（乌龙茶）

乌龙茶是我国的特种茶，品种多，一般以茶树品种或产地命名。闽北乌龙茶有水仙、大红袍等，闽南乌龙茶有铁观音、黄金桂等，凤凰单丛、岭头单丛等为广东乌龙茶，台湾乌龙茶有冻顶乌龙、文山包种等，都是享誉中外的名茶。

（一）大红袍

概况：大红袍（见图3-16）产于福建省武夷山市。大红袍茶树被誉为"茶中之王"，生长于武夷山九龙窠最后一窠岩脚下。茶树所处的峭壁上有一条狭长的岩罅，岩顶终年有泉水自罅滴落。泉水中附有苔藓等植物，因而土壤较他处润泽肥沃。茶树两旁岩壁直立，日照短，气温变化不大。大红袍独处岩骨花香之胜地，品饮时有妙不可言的"岩韵"。

大红袍的成品茶具有独特的品质和特殊的药效，茶冲泡至9次，尚不脱原茶真味——幽兰香。

品质特征：外形条索紧实，色泽青褐油润；汤色橙黄明亮，香高浓郁，滋味醇和，叶底有典型的"绿叶红镶边"。

第三章 多彩家族——茶的分类

049

图 3-16 大红袍

（二）铁观音

概况：铁观音（见图 3-17）产于福建省安溪县，又称红心观音、红样观音，是中国十大名茶之一，尤以安溪铁观音最为著名。安溪铁观音香气种类丰富，可分为浓香型和清香型，各具特色，都是青茶（乌龙茶）中的精品。

品质特征：条索肥壮，卷曲紧结，呈颗粒状，色泽砂绿起霜；汤色金黄明亮，香气馥郁持久，有兰花香，滋味醇厚甘鲜。

图 3-17 铁观音

（三）凤凰单丛

概况：凤凰单丛（见图 3-18）又名广东水仙，属条形茶，主要产自广东省潮州市凤凰山。凤凰茶根据品质可以分为凤凰单丛、浪菜和水仙，其中凤凰单丛品质最高。

品质特征：外形紧结呈条形，色泽黄褐；汤色橙黄明亮；香型丰富，有芝兰香、玉兰香、桂花香、茉莉香等不同香型；滋味醇厚回甘，叶底红边鲜明。

图 3 - 18 凤凰单丛

（四）冻顶乌龙

概况：冻顶乌龙（见图 3 - 19）产于台湾南投县高海拔的冻顶茶园，属轻发酵茶，在台湾乌龙茶中最负盛名，被誉为"茶中圣品"，每年产量有限，因此十分珍贵。

品质特征：外形卷曲呈半球形，色泽墨绿油润；汤色黄绿明亮，花香明显，略带焦糖香，滋味醇厚回甘。

图 3 - 19 冻顶乌龙

六、黑茶

黑茶是中国特有的一大茶类，生产历史悠久，品种多，湖南、湖北、四川和云南等地都有生产，以前主要销往边疆少数民族地区，又称边销茶。黑茶的最初品质是在"船舱中、马背上"形成的。自唐宋以来，官府采用"茶马交易"，以茶治边，茶叶装入篓包后经长途运输，而篓包防水性差，茶叶吸水引起内含成分氧化聚合，形成不同于当时蒸青绿茶的风味，逐渐演变成黑茶。

（一）茯砖茶

概况：茯砖茶（见图 3-20）约在公元 1860 年前后问世，产于湖南省益阳市安化县，在伏天制成。茯砖茶工艺与普洱茶人工发酵工艺有相似之处，但干燥前有"发花"工艺，发出的金色菌花是紧压茶里有益健康的菌种。

品质特征：外形为砖形，色泽为黑褐色；汤色呈棕红色或橙黄色，清澈明亮，有独特的菌花香，滋味醇和。

图 3-20　茯砖茶

（二）六堡茶

概况：六堡茶（见图 3-21）产于广西壮族自治区梧州市。六堡茶的陈化方法一般是以篓装堆，贮于阴凉的泥土库房，经过半年，茶叶就有了陈味，汤色会变得更加红浓，形成了六堡茶独特的风格。根据六堡茶的制作工艺和外观形态，分为六堡茶散茶和六堡茶紧压茶。

品质特征：条索细长完整，色泽黑褐油润；汤色深红明亮，香气陈香纯正；滋味醇厚。

图 3-21　六堡茶

参考资料

王岳飞，徐平，等．茶文化与茶健康［M］．北京：旅游教育出版社，2014：80－85．

本章小结

🌿 **内容提要**

本章讲述了茶的分类，可以根据产地、采摘时间、品质特征和加工方法等进行分类。我国现代茶学中应用最广泛、得到较多认可的是将茶分为基本茶类和再加工茶类。按照制法和品质特征以及应用习惯分类，可将茶分为绿茶、红茶、黄茶、白茶、青茶（乌龙茶）、黑茶六大茶类，各茶类又可细分为不同类型。再加工茶类是指以基本茶类为原料进一步加工所形成的茶类产品，主要包括花茶、紧压茶、萃取茶、药用保健茶、含茶果味茶等几类。

🌿 **核心概念**

杀青；发酵；萎凋。

🌿 **重点实务**

考察所在地特色茶的生长环境和加工过程，并冲泡代表性茶品进行品鉴。

🌿 **复习题**

概述六大茶类的品质特征和主要制作工序。

🌿 **讨论题**

影响茶叶品质特征的要素有哪些？

🌿 **实训项目**

访茶园、茶人，体验茶的采摘、制作过程。

第四章 烹茶尽具
——走近茶器

学习要求：通过学习，了解茶器的发展史以及在某一特定阶段茶器发展的特点；学习根据质地和功能对茶器进行分类，了解不同茶器的类型及特色。

器皿是人们日常生活的重要组成部分。器皿的功用、形制和文化内涵，是人们生活方式的反映和重要标志。茶器，随着饮茶方式的产生而产生，随着饮茶方式的变化而变化。在茶文化发展过程中，茶器带有不同时代的文化烙印，具有鲜明的时代特征。茶器材质、品种、造型以及形制的变化，都与特定时代的生产力发展水平、文化以及审美趋向密切相关。

明代许次纾在《茶疏》中说："茶滋于水，水藉乎器，汤成于火。四者相须，缺一则废。"品茶，不仅讲究茶叶本身的色、香、味、形和品茶的环境、心境等，还要讲究茶器的实用性和艺术性，在品饮中增强品茶的文化氛围和愉悦的感受。

第一节 茶器的发展演变

茶器是在茶事过程中使用的器具。唐代陆羽将"茶之器"与"茶之具"列为两类，《茶经》中分别有"二之具"和"四之器"的论述。"茶之具"是茶叶加工的器具；"茶之器"包括炙茶、碾茶、煮茶、饮茶、贮茶等对茶的品鉴有育化、改善并带有一定精神属性的器具。现在人们一般笼统地将茶器、茶具通用，而茶叶加工器具则已发展到了现代化的茶叶生产机械。细究而言，茶具是茶器的组成部分，茶器的范围更广一些，蕴藏了更多审美情趣和更丰富的文化内涵。

茶器的形成和发展，经历了从无到有、从共用到专一、从简单到精巧的演变过程。不同时代、不同地区、不同人群所使用的茶器，是由当时的茶器生产水平、饮茶方式、品饮习俗、使用者的喜好等诸多因素决定的。

中国茶器在唐代以前是与食器混用的。《广陵耆老传》记载："晋元帝时有老姥，每旦独提一器茗，往市鬻之，市人竞买，自旦至夕，其器不减。"老姥卖的是茶粥，属于食品的一种，所提的器皿推测为食器，有时兼用作茶具。东晋卢琳《四王起事》中记载，晋惠王遇难逃亡，返回洛阳的时候，有侍从"持瓦盂承茶，夜幕上之，至尊饮以为佳"。这段文字说明晋代已有饮茶风尚，但盛茶之具是瓦盂，即盛饭菜的土碗。

唐代，"茶器""茶具"在文学作品中处处可见。陆龟蒙《零陵总记》载："客至不限匦数，竟日执持茶器。"白居易《睡后茶兴忆杨同州》诗云："此处置绳床，傍边洗茶器。"皮日休《褚家林亭》诗中有"萧疏桂影移茶具"之语，等等。作为品茗专用的茶器草创于唐代，茶圣陆羽起了重要作用。

陆羽《茶经·四之器》中，详述了煮茶生火工具、煮茶工具、烤茶工具、碾茶工具、量取工具、取水盛水工具、存盐取盐工具、盛茶工具、清洁工具、陈列工具等不同类型的茶器，并介绍了每一件器具的制作原料、制作方法和用途。这套茶器以其较高的实用价值而备受人们欢迎。陆羽同时代人封演在《封氏闻见记·饮茶》中记载："楚人陆鸿渐为《茶论》，说茶之功效并煎茶炙茶之法，造茶具二十四事，以都统笼贮之。远近倾慕，好事者家藏一副。有常伯熊者，又因鸿渐之论广润色之。于是茶道大行，王公朝士无不饮者。"封演的记述反映了当时茶文化发展的情况。"茶道大行，王公朝士无不饮者"，说明"茶道"是当时社会生活的组成部分。尽管《茶经》中没有直接出现"茶道"这个词，但是陆羽实际上已经在身体力行推广茶道了。唐代茶器与食器混用时代已经结束，专用茶器成为茶事活动中重要的组成部分，并被人们巧妙地赋予了丰富的人文内涵和审美观照。

陆羽非常推崇越窑青瓷，越窑青瓷的制作在唐代达到了顶峰，出现了青瓷史上登峰造极的作品——"秘色瓷"。陆羽认为茶碗"越州上，鼎州次，婺州次，岳州次，寿州、洪州次"，并认为"越州瓷、岳瓷皆青，青则益茶，茶作白红之色。邢州瓷白，茶色红；寿州瓷黄，茶色紫；洪州瓷褐，茶色黑：悉不宜茶"。除越州窑、鼎州窑、婺州窑、岳州窑、寿州窑、洪州窑之外，北方的邢窑、曲阳窑、巩县窑，南方的景德镇窑、长沙窑、邛崃窑，在当时也大量生产茶器。

以下展示的是中国茶叶博物馆馆藏唐代越窑青瓷盏托（见图4-1）及长沙窑绿釉茶鍑（见图4-2）。

图4-1　中国茶叶博物馆馆藏唐代越窑青瓷盏托

图4-2　中国茶叶博物馆馆藏唐代长沙窑绿釉茶鍑

宋代茶器在一定程度上沿袭唐代，同时为适应斗茶的需要，茶器有所增减。宋代煮水的器具由唐代的鍑改用铫、瓶。铫，俗称吊子，有把柄和出水的嘴。唐代人饮茶喜欢用青色的茶碗，主要是因为唐代茶的汤色多呈现淡红色，青色的茶碗盛茶汤更易于衬托茶汤自然明丽的色泽。到了宋代，饮茶流行用黑色的茶盏，特别是以通体施黑釉的建盏为上品。由于点茶在宋代盛行，茶汤上面有白色的沫饽，在黑色茶盏衬托下，更方便看沫饽的色泽和茶汤的水痕，并区分茶质优劣。宋代建盏中以兔毫斑和鹧鸪斑最珍贵。茶筅与宋代斗茶之风相适应，点茶时用于击拂，是宋代茶器中非常具有代表性的一种。斗茶是宋代贵族、文人雅士、普通百姓休闲活动的重要内容，宋代茶器的类型和功用以斗茶活动为中心，推动了市井文化的繁荣。

　　以下展示的是中国茶叶博物馆馆藏宋代铁锈斑黑釉碗（见图4-3）和建窑黑釉油滴包银口盏（见图4-4）。

图4-3　中国茶叶博物馆馆藏宋代铁锈斑黑釉碗

　　南宋审安老人《茶具图赞》中以官称和职衔命名茶具，茶事与人事融合，趣味横生。例如他称茶焙笼为"韦鸿胪"。"鸿胪"是古代的官职，汉武帝时期改称大鸿胪，主掌接待宾客之事，官署为鸿胪寺，唐代改为司宾寺，南宋不置。还有

图4-4　中国茶叶博物馆馆藏宋代建窑黑釉油滴包银口盏

"金法曹"（茶碾）、"石转运"（茶磨）、"罗枢密"（罗合）、"胡员外"（瓢杓）、"木待制"（茶槌）、"宗从事"（茶刷）、"漆雕秘阁"（盏托）、"陶宝文"（茶盏）、"汤提点"（水注）、"竺副帅"（茶筅）、"司职方"（茶巾）等。

　　从茶器材质看，唐宋以来，铜质茶器和陶瓷茶器呈现日益增多的趋势，并且逐渐代替以前流行的金、银、玉制茶器。其主要原因是唐宋时期社会上兴起了一股重铜瓷不重金玉的风气。从日常实用性分析，铜茶器相对金玉茶器来说，更容易得到，价格更便宜，方便实用。陶瓷茶器有利于保持茶的香气，容易推广，受到人们喜爱。这反映了唐宋以来，人们的文化观、价值观发生了一些变化，体现在生活用品方面，更加注重实用性。同时，这种变化也与唐宋陶瓷工艺的发展水平日益成熟有关。

　　以下展示的是江西婺源博物馆馆藏南宋青白瓷刻花银扣斗笠碗（见图4-5）和中国茶叶博物馆馆藏宋代龙泉窑青瓷壶（见图4-6），以及山东青州博物馆馆藏宋代越窑青釉葫芦形执壶（见图4-7）。

图 4 - 5 江西婺源博物馆馆藏南宋青白瓷刻花银扣斗笠碗

图 4 - 6 中国茶叶博物馆馆藏宋代龙泉窑青瓷壶

图 4-7　山东青州博物馆馆藏宋代越窑青釉葫芦形执壶

　　明清时期的茶器进一步完善，特别是明中叶以后，社会审美取向尽力避浮华，讲究恬淡自然。洪武二年（1369），明太祖朱元璋在江西景德镇设立工场，专门制作皇室茶器。清乾隆年间（1736—1796），景德镇制瓷工艺已达到高峰。景德镇瓷茶杯造型小巧，胎质细腻，色泽鲜艳，画面生动，驰名于世；明代刘侗、于奕正同撰的历史地理著作《帝京景物略》中，有"成杯一双，值十万钱"之说。瓷质茶器有利于保持茶之真味，提高品饮趣味和雅兴。阳羡（宜兴）茗壶发展迅速，特别是宜兴紫砂壶与景德镇瓷器都是广受欢迎的茶器，有"景瓷宜陶"之说。

　　关于明代的茶器，中国茶叶博物馆收藏了明万历青花折枝花纹提梁壶（见图 4-8）。

图 4 - 8　中国茶叶博物馆馆藏明万历青花折枝花纹提梁壶

通过对中国茶器发展史进行梳理，我们可以看出，茶器发展总趋势是由繁趋简、由粗趋精。

中国茶器的发展 🔍

第二节　茶器的分类

茶器按照质地分类，可分为金属茶器、瓷质茶器、陶土茶器、玻璃茶器等；按照功能分类，可分为煮茶器具、置茶器具、泡茶器具、盛茶器具、涤茶器具等。

一、从质地看茶器的分类

（一）金属茶器

金属茶器是指由金、银、铜、铁、锡等金属材料制作而成的器具。它是我国最古老的日用器具之一。自秦汉至六朝，茶叶作为饮料已渐成风尚，茶器也逐渐从与其他器具共享中分离出来。大约到南北朝时，我国出现了包括饮茶器皿在内的金属器具。到隋唐时，金属器具的制作达到高峰。后来随着茶类的丰富、饮茶方式的改变以及陶瓷茶具的兴起，金属茶具逐渐减少。但金属贮茶器具的密闭性要比纸、竹、木、瓷、陶等好，具有较好的防潮、避光性能，更有利于散茶的贮存。因此，用锡制作的贮茶器具至今仍在应用。

以下展示的是福建邵武博物馆馆藏南宋錾刻葵花纹银匙（见图4-9）和当代的银壶（见图4-10）。

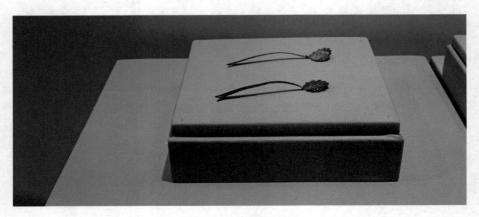

图4-9　福建邵武博物馆馆藏南宋錾刻葵花纹银匙

图 4 - 10 银壶

（二）瓷质茶器

瓷质茶器主要有青瓷茶器、白瓷茶器、黑瓷茶器、彩瓷茶器、玲珑瓷茶器等。

1. 青瓷茶器

青瓷是中国陶瓷烧制工艺的珍品，是一种表面施有青色釉的瓷器。青瓷以瓷质细腻、线条明快流畅、色泽纯洁著称于世。人们崇尚青色由来已久，《考工记》中记载："东方谓之青，南方谓之赤，西方谓之白，北方谓之黑，天谓之玄，地谓之黄。"东方的青色被誉为五色之首，象征着光明、希望以及生命力。青瓷中对青的审美追求源于自然，是青山、绿水、碧玉等物象在人为器物中的体现，具有生动灵秀、精美绝伦的韵味。

中国制作瓷器的历史悠久，品种繁多。早在商周时期就出现了原始青瓷，历经春秋战国时期的发展，到东汉有了重大突破，已开始生产色泽纯正、透明发光的青瓷。晋代，浙江的越窑、婺窑、瓯窑已具相当规模。宋代，作为当时五大名窑之一的浙江龙泉哥窑生产的青瓷茶器，已达到鼎盛时期，远销各地。明代，青瓷茶器更以其质地细腻、造型端庄、清新雅致而闻名中外。当代，青瓷茶器新产品不断涌现。青瓷茶器色泽青翠，特别是用来冲泡绿茶，更能增加汤色之美。

（1）越窑青瓷。

越窑青瓷起源于三国两晋南北朝时期，是中国古代最著名的青瓷窑系之一。唐代越窑的主要窑场在今浙江省的余姚、慈溪、上虞等地，因当时属越州管辖，故称越州窑，简称越窑。而今天慈溪的上林湖，是当时越窑生产的核心，是中国主要的青瓷发源地。在这片古窑场中，有着丰厚的陶瓷遗存。越窑青瓷胎骨较薄，釉色青翠莹润，瓷器表面细腻光滑，滋润似玉，坚固耐用，耐酸碱、易清洗。越窑青瓷是朝廷的贡品之一，也是唐代重要的贸易商品。唐代的"秘色瓷"是越窑的代表作品（见图4-11）。

图4-11　唐代秘色葵口瓷盘（陕西法门寺塔基地宫出土）

隋唐五代时期是越窑一个大发展的时期，官府设立贡窑，使得越窑青瓷的地位进一步提升，促进了生产工艺的长足发展和技术水平的提高。越窑青瓷深受当时社会上层人群的喜爱，在生活领域中得到进一步推广应用。许多文人墨客纷纷吟诗作赋来赞美越窑，如顾况的"舒铁如金之鼎，越泥似玉之瓯"，孟郊的"蒙茗玉花尽，越瓯荷叶空"，施肩吾的"越碗初盛蜀茗新"，许浑的"越瓯秋水澄"，郑谷的"茶新换越瓯"，陆龟蒙的"九秋风露越窑开，夺得千峰翠色来"，等等。这些诗句在很大程度上反映了越窑青瓷的釉色特点。

越窑青瓷应用于茶事领域，成为代表性的茶器之一，为茶文化美学发展史中重要的篇章。陆羽在《茶经》中认为"越州上"，因为它"类玉""类冰"。越窑青瓷温润如玉的釉质，能更好地衬托出茶汤的色泽。唐代饮茶风尚对越窑青瓷的形制也产生了重要的影响：唐代早期的越窑青瓷以瘦高的立型器为主，唐代晚期荷叶式、花口式的盘和碗增多。

越窑青瓷茶器 🔍

（2）龙泉青瓷。

龙泉青瓷（见图4-12）分为哥窑青瓷和弟窑青瓷两大类。两者的区别在于：哥窑青瓷是开片瓷，青瓷表面有像裂纹的纹路；弟窑青瓷不是开片瓷。

"哥窑"出现于南宋中晚期，与著名的官、汝、定、钧窑并称为宋代五大名窑。哥窑青瓷的特点是胎薄如纸，釉厚如玉，釉面布满裂纹，胎色灰黑。哥窑瓷器釉面的裂纹，是由于胎体原料受热时膨胀系数大于釉层的膨胀系数，在烧窑冷却的时候产生的。这些独特的裂纹随意、朴实、自然，受到人们的喜爱。历史上，根据纹片的不同的形态，对其给予形象化的描述，分别冠以"冰裂纹""蟹爪纹""牛毛纹""鱼子纹"等美称。

"弟窑"青瓷白胎厚釉，釉层丰满，釉色青翠，光泽柔和，晶莹、纯粹、无瑕如美玉。其釉色有梅子青、粉青、月白豆青、蟹壳青等不同色调。

从文学和美学的角度来说，龙泉青瓷给人非常丰富的审美意象，如远山晚翠、浅草初春，"雨过天青云破处，梅子流酸泛青时"，情景交融，意境悠远。

龙泉青瓷茶器 🔍

图4-12　龙泉青瓷

2. 白瓷茶器

白瓷茶器（见图4-13）具有坯质致密透明、音清韵长等特点。因其色泽洁白，容易衬托出茶汤色泽，传热、保温性能适中，成为常用的饮茶器皿。唐代，河北邢窑是著名的白瓷器具产地，景德镇的白瓷在唐朝有"假玉器"之美誉。当今，白瓷茶具以造型多样、精巧雅致的特点在茶事活动中广泛应用。

图4-13　白瓷茶器（杭州清泉茗香工作室供图）

3. 黑瓷茶器

黑瓷茶器（见图4-14），始于晚唐，鼎盛于宋，延续于元，衰微于明、清。宋代流行的斗茶，为黑瓷茶器的兴盛创造了条件。宋朝人判断斗茶的效果，既要看盏面汤花色泽和均匀度，以"鲜白"为先；又要看汤花与茶盏相接处水痕的有无和出现的迟早，以"著盏无水痕"为上。茶色白，入黑盏，其痕易验。宋代的黑瓷茶盏成了瓷质茶器中产量最大的品种，尤以建窑生产的"建盏"最为人称道。

宋代，在中国浙江天目山一带学习佛法的日本僧人把当时的黑釉系茶碗（其中也包括建窑的建盏）带回国，他们把这类黑釉茶碗称为"天目碗"。今天"天目"已成黑釉类茶盏的通用名，这类茶盏釉色变化丰富多样、胎质细腻。

图4-14 当代建盏

4. 彩瓷茶器

彩瓷茶器的品种、类型很多，特别是以青花瓷茶器最具有代表性（见图4-15）。青花瓷茶器，是指以氧化钴为呈色剂，在瓷胎上直接描绘图案纹饰，再涂上一层透明釉，然后在窑内经1 300℃左右高温还原烧制而成的器具。对于"青花"色泽中"青"的理解，古代和现代不同。古人将黑、蓝、青、绿等颜色统称为"青"，古代"青花"的含义比今天的范围要广。今天常见的青花瓷茶器花纹蓝白相映，色彩淡雅。

图 4 - 15　青花瓷盖碗

5. 玲珑瓷茶器

玲珑瓷茶器（见图 4 - 16）通过镂雕工艺在瓷器坯体上雕镂出许多有规则的
"玲珑眼"，施釉烧成后，这些洞眼就变成了半透明的亮孔，具有玲珑剔透、精巧
细腻的特色，非常美观。玲珑瓷经常与青花图案相匹配，为青花玲珑瓷。青花玲
珑瓷既有镂雕艺术又有青花特色，古朴清新，将高超的烧制技艺和精湛的雕刻艺
术相结合，灵动而有趣味。

图 4 - 16　玲珑瓷茶具

（三）陶土茶器

陶土茶器（见图4-17、图4-18、图4-19）最早出现于新石器时代。其从最初粗糙的土陶，逐步演变为比较坚实的硬陶，再发展为表面施釉的釉陶。

图4-17　陶壶（杭州静如茶事供图）

图4-18　紫砂茶壶（杭州和其坊供图）

图4-19 紫砂茶器（杭州和其坊供图）

陶土茶器——紫砂

陶土茶器中的紫砂茶器，由陶器发展而成，是一种新质陶器。它始于宋代，盛于明清，流传至今。相传，北宋苏轼喜欢饮茶，在江苏宜兴讲学时，为了方便外出时烹茶，曾烧制过由他设计的提梁式紫砂壶，以试茶审味，后人称它为"东坡壶"或是"提梁壶"。

宜兴紫砂茶器之所以受到茶人的喜爱，除了这种茶器风格多样、造型丰富、富有文化品位之外，还与这种茶器的质地适合泡茶有关。后人总结紫砂茶器具有"泡茶不走味，贮茶不变色，盛暑不易馊"三大优点。紫砂茶器成陶火温在1100℃～1200℃，既耐寒又耐热，泡茶无熟汤味，有利于保持茶的真香。紫砂茶器传热比较缓慢，不易烫手。紫砂茶器常见的有紫砂茶壶、紫砂品茗杯等。关于紫砂壶，历史上曾有"一壶重不数两，价重每一二十金，能使土与黄金争价"之说。

目前，我国的紫砂茶器主要产于江苏宜兴，江苏宜兴被称为"陶都"，毗邻宜兴的浙江长兴也有生产。一般认为，一件较好的紫砂茶器，应该要具有造型美、制作美和功能美"三美"。

紫砂壶的实用功能和审美特点，与紫砂泥泥料的特殊性密不可分。不同的紫砂泥色泽和质地不同，可以使紫砂茶器呈现不同的色彩。紫砂泥有天青泥、蜜泥、石黄泥、梨皮泥等不同类型，不同质地的紫砂泥调配烧制后会形成不同色泽的茶器成品。优质的原料、天然的色泽为烧制优良紫砂茶器奠定了物质基础。

紫砂茶器的缺点是，由于受色泽限制，比较难欣赏到茶叶的姿态变化和茶汤的颜色。

（四）玻璃茶器

玻璃，古人称之为流璃或琉璃，实际上是一种有色半透明的矿物质。唐代，随着中外文化交流的增多，西方琉璃器具不断传入，我国才开始烧制琉璃茶器。

近代，随着玻璃工业的崛起，玻璃茶器很快兴起。玻璃质地透明、可塑性强，用它制成的茶器有盖碗、公道杯、品茗杯、茶壶等（见图4-20、图4-21），用途广泛，受到茶人喜爱。用玻璃茶器泡茶的优点是由于玻璃的通透性，可以在品茗过程中静静地感受茶汤的色泽、茶叶在整个冲泡过程中的舞动和叶片的逐渐舒展，赏心悦目，别有风趣。

玻璃茶器 🔍

图4-20　玻璃盖碗

图4-21　玻璃品茗杯

二、从功能看茶器的分类

按照功能分类，茶器可分为煮茶器具、置茶器具、泡茶器具、盛茶器具、涤茶器具等。

（一）煮茶器具

1. 水壶

水壶古称汤瓶、注子，功用是烧开水。

2. 茗炉

茗炉是烧开水的炉子。

（二）置茶器具

1. 茶罐

茶罐用来贮放泡茶需用的茶叶，有锡罐、陶瓷罐、纸罐等。

2. 茶则

茶则用来衡量茶叶用量，保证投茶量准确。

3. 茶匙

茶匙用来舀取茶叶，兼有置茶入壶的功能。

4. 茶荷

茶荷用来放置已量定的备泡茶叶，兼可放置观赏用样茶。茶荷盛装茶叶后，既可以让茶客欣赏茶叶的色泽和形状，又可以评估茶叶量的多少。

5. 茶漏

茶漏用于扩大壶口，方便将茶叶放入小壶。

（三）泡茶器具

1. 茶壶

茶壶（见图4-22）是一种泡茶和斟茶用的带嘴器皿，由壶盖、壶身、壶底、把手（或提梁）等部分组成。泡茶时，茶壶大小依饮茶人数多少而定。茶壶的种类很多，使用较多的是紫砂陶壶或瓷质茶壶。

图 4 - 22　茶壶

2. 盖碗

盖碗（见图 4 - 23、图 4 - 24）是一种上有盖、下有托、中有碗的茶器，又称"三才碗""三才杯"，盖为天、托为地、碗为人。盖碗体现了中国文化中的"天人合一"思想。鲁迅先生在《喝茶》一文中曾这样写道："喝好茶，是要用盖碗的。于是用盖碗。果然，泡了之后，色清而味甘，微香而小苦，确是好茶叶。"

图 4 - 23　盖碗（浙江旅游职业学院茶文化实训中心供图）

图4-24　盖碗（杭州和其坊供图）

（四）盛茶器具

1. 茶杯

茶杯是盛茶水的用具，包括品茗杯、闻香杯等类型。

品茗杯（见图4-25）作品饮茶汤之用。闻香杯作嗅闻茶汤在杯底留香用，比品茗杯细长，多用于品饮乌龙茶；与饮杯配套，质地相同，加一茶托则为一套闻香组杯。

图4-25　品茗杯（杭州清泉茗香工作室供图）

2.公道杯

公道杯是分茶用具。因为茶汤先倒入公道杯，所以茶汤比较均匀，不会使前面倒出来的茶汤比后面倒出来的淡，比较公道。

3.杯托

杯托用来放置品茗杯（见图4-26）。杯托的使用可以增加泡茶、饮茶的仪式感和美感，可以防烫手，还可以避免杯子直接接触桌面，对桌面起到保护、保洁的作用。

图4-26　品茗杯托（杭州静如茶事供图）

4.茶盘

茶盘是用来盛茶杯的，有各种款式，讲究盘面宽、盘底平、盘边浅。盘面要宽，以便客人人数多时能放下足够的茶杯；盘底要平，有利于茶杯稳定；盘边要浅，便于衬托茶杯、茶壶的美感。

（五）涤茶器具

1.水盂

在使用干泡法的茶席中，水盂是用来承接润茶、温杯的水和剩余的茶水、茶叶叶底的器皿（见图4-27）。水盂的大小根据所要冲泡的茶品来决定，水盂的质地、色泽由主泡茶器和茶席的整体风格来决定。

图4-27 水盂（杭州静如茶事供图）

2.茶巾

茶巾主要用于清洁用具、擦拭积水。

从功能看茶器分类 🔍

参考资料

1.朱自振，沈冬梅，增勤.中国古代茶书集成［M］.上海：上海文化出版社，2010：261.

2.王建荣.陆羽茶经［M］.南京：江苏凤凰科学技术出版社，2019：46-89.

3.张道一.考工记注译［M］.西安：陕西人民美术出版社，2004：16.

4.刘虹."九秋风露越窑开，夺得千峰翠色来"——浅论越窑青瓷［J］.景德镇陶瓷，2002（4）：18-20.

5.唐耿夫.德清窑与越窑瓷器之比较［J］.东方收藏，2016（1）：48-50.

6.刘方春.对哥窑青瓷艺术的浅析［J］.陶瓷研究，1990（3）：6-11.

7.杨吴伟.龙泉青瓷艺术的现状和发展趋势［J］.丽水学院学报，2008（6）：7-10.

8.李刚.古瓷尚青原因的管见［M］.杭州：浙江人民出版社，1990：76.

9.黄旭曦.我国茶文化与茶具设计的关联性研究［D］.江南大学，2008.

10.黄建群.浅谈青花玲珑瓷引发的陶瓷装饰认识［J］.景德镇陶瓷，2012（6）：17.

11.徐明.茶与茶文化［M］.北京：中国物资出版社，2009：72-82.

12.龚雪.浅谈中国茶具发展［J］.贵州茶叶，2013（3）：9-11.

本章小结

内容提要

本章主要讲述了茶器的发展和不同阶段的特色、茶器的类型。茶器随着饮茶方式的产生而产生，随着饮茶方式的变化而变化。在茶文化发展过程中，茶器带有不同时代的文化烙印，具有明显的时代特征。茶器材质、品种以及造型的变化，都与特定时代的民族文化以及审美趋向密切相关。茶器类型多样，按照质地分类，茶器可分为金属茶器、瓷质茶器、陶土茶器、玻璃茶器等；按照功能分类，茶器可分为煮茶器具、置茶器具、泡茶器具、盛茶器具、涤茶器具等。

核心概念

茶器。

重点实务

参观当地博物馆，了解历史上的茶器及特色。

❧ 复习题

　　1. 从质地上看，茶器有哪些类型？

　　2. 简述紫砂壶泡茶的优点。

❧ 讨论题

　　茶器有哪些类型？

❧ 实训项目

　　参观当地茶空间，考察茶器现状。

以茶养生
——茶与健康

学习要求：通过学习，了解茶叶的主要成分、保健功效，养成健康饮茶的生活习惯。

《神农本草经》记载："神农尝百草，日遇七十二毒，得茶而解之。"这说明茶的发现与利用有悠久的历史。明代钱椿年《茶谱》记载："人饮真茶能止渴、消食、除痰、少睡、利水道、明目、益思、除烦、去腻。人固不可一日无茶。"

随着科学的进步、人们生活水平的提高，健康、高雅的生活方式受到推崇，茶也成为大众生活中不可或缺的健康饮品。茶在当今三大饮料中，保健功能首屈一指，自古以来流传着"茶乃养生之仙药"的说法。茶含有的营养和功效成分，已被公认为"原子时代的理想饮料""当代最佳保健饮料"。如何科学地认识茶、健康地饮茶，也成了众多饮茶爱好者关心的话题。

第一节　茶叶的主要成分

茶叶内含的物质非常丰富，到目前为止，茶叶中经分离、鉴定的已知化合物有700多种。它们形成了茶叶特有的色、香、味，而且对人体营养、保健起着重要作用。茶叶中主要的功效成分有茶多酚、茶氨酸、咖啡因（咖啡碱）、茶多糖、茶色素、维生素、有机酸、芳香物质等。

一、茶多酚

茶多酚是茶叶中多酚类物质的总称，包括儿茶素类、黄酮及黄酮醇类、花青素和花白素类、酚酸、缩酚酸类所组成的一群复合体。

茶多酚的含量一般占干物质总量的 18% ~ 36%，对茶叶品质的影响显著。在茶多酚总量中，儿茶素含量最高，约占茶多酚总量的 70%。茶叶中多酚类的含量受很多因素影响，如环境、茶树品种、茶叶老嫩程度等。茶多酚是一种理想的天然抗氧化剂，被誉为"人体保鲜剂"。茶多酚的一个重要性质是氧化还原性，可以清除过量的自由基，并且阻断自由基的传递，提高人体内源性抗氧化能力，从而对人体起到"保鲜"作用。茶多酚具有抗衰老、抗肿瘤、抗辐射、预防心血管疾病等保健作用。

二、茶氨酸

氨基酸是构建生物机体的众多生物大分子之一，是构建细胞、修复组织的基础材料。分析表明，茶叶中至少含有 25 种氨基酸。人体必需的氨基酸有 8 种，茶叶中就含有 6 种。

三、咖啡因（咖啡碱）

茶叶中的生物碱包括咖啡因、可可碱和茶叶碱。其中以咖啡因的含量最多，占 2% ~ 5%，其他含量甚微，所以茶叶中的生物碱含量常以茶叶中咖啡因的含量为代表。

咖啡因味苦且易溶于水，是形成茶叶滋味的重要物质，具有兴奋大脑神经和促进心脏机能亢进的作用，可促进胃酸分泌、升高胃酸浓度、促进食物消化，但也可诱发胃溃疡甚至胃穿孔，故饮茶还需适量。

咖啡因的含量在茶树中各部位有较大差异，以叶部最多，茎梗较少，在新梢中随着叶片的老化而含量下降，且随季节变化而有明显变化，一般夏茶比春茶含量高。

四、茶多糖

茶叶中的糖类包括单糖、双糖和多糖三类，其含量占干物质总量的20%～40%。单糖和双糖又称可溶性糖，易溶于水，含量为0.8%～4%，是组成茶叶滋味的物质之一。茶叶中的多糖包括淀粉、纤维素、半纤维素和果胶等物质。多糖不溶于水，是衡量茶叶老嫩度的重要成分。茶叶嫩度低，多糖含量高；嫩度高，多糖含量低。

五、茶色素

茶叶中的色素包括脂溶性色素和水溶性色素两种，含量仅占干物质总量的1%左右。脂溶性色素不溶于水，有叶绿素、叶黄素、胡萝卜素等；水溶性色素有黄酮类物质、花青素及茶多酚的氧化产物茶黄素、茶红素和茶褐素等。

脂溶性色素是形成干茶色泽和叶底色泽的主要成分。六大茶类的色泽均与茶叶中色素的含量、组成、转化密切相关。

六、维生素

茶叶中含有丰富的维生素，其含量占干物质总量的0.6%～1%。维生素也分为脂溶性维生素和水溶性维生素两类。脂溶性维生素有维生素A、维生素D、维生素E、维生素K等，其中维生素A含量较多。脂溶性维生素不溶于水，饮茶时不能被人体直接吸收利用。水溶性维生素有维生素C、维生素B_1、维生素B_2、维生素B_3、维生素B_5、维生素B_{11}、维生素P和肌醇等，其中维生素C含量最多，在名优绿茶中的含量要更高一些，一般每100克名优绿茶中含量可达250毫克左右，最高的可达500毫克以上。

七、有机酸

茶叶中有机酸种类较多，含量为干物质总量的3%左右。

茶叶中的有机酸多为游离有机酸，如苹果酸、柠檬酸、琥珀酸、草酸等。在制茶过程中形成的有机酸有棕榈酸、亚油酸、乙烯酸等。

茶叶中的有机酸是香气的主要成分之一，现已发现茶叶香气成分中有机酸的种类达 25 种，有些有机酸本身虽无香气但经氧化后可转化为香气成分，如亚油酸等；有些有机酸是香气成分的良好吸附剂，如棕榈酸等。

八、芳香物质

茶叶中的芳香物质是指茶叶中挥发性物质的总称。在茶叶化学成分的总含量中，芳香物质含量并不多，一般鲜叶中含 0.02%，绿茶中含 0.005% ～ 0.02%，红茶中含 0.01% ～ 0.03%。

茶叶中芳香物质的含量虽不多，但其种类却很复杂。据分析，茶叶含有的香气成分化合物通常达 700 余种，组成茶叶芳香物质的主要成分有醇、酚、醛、酮、酸、酯、内酯类、含氮化合物、含硫化合物、碳氢化合物、氧化物等。鲜叶中的芳香物质以醇类化合物为主，低沸点的青叶醇具有强烈的青草香，高沸点的沉香醇、苯乙醇等具有清香、花香等香气。

茶的主要成分

第二节　茶的保健功效

茶的疗效和保健作用发现和利用由来已久。人们长期的饮茶实践充分证明，饮茶不仅能增进营养，而且能预防疾病，更具有良好的延年益寿、强身健体的作用。古代，茶常被当作药物使用。在我国的医药学宝库中，茶作为单方或复方入药的颇为常见。随着近代科学技术的发展和茶叶生物化学研究的进步，人们对茶叶的药用有效成分及药理功效有了进一步的了解，从理论上和数据上都对茶的传统功效给予了充分的肯定。茶的保健功效主要体现在以下几个方面。

一、提高免疫力

免疫力是人体自身的防御机制，是人体识别和消灭外来侵入的病毒、细菌等，处理衰老、损伤、死亡、变性的自身细胞，以及识别和处理体内突变细胞及病毒感染细胞的能力。免疫力是人体保持生态平衡与健康状态的重要基石。

大量的临床试验和流行病学调查证明茶叶中的茶多酚、茶氨酸、茶多糖、茶色素等成分都具有提高免疫力的作用。茶叶可以通过调节炎症性免疫、代谢性免疫、肠道免疫等作用，提高人体健康水平，降低疾病发生风险。流行病学研究表明，定期饮用绿茶可降低流感病毒感染率和减轻某些感冒症状。各种茶类均具有降低腹部脂肪增加相关代谢综合征的风险性，以及调节免疫力和抗氧化应激的潜力，适合早期预防代谢综合征。

二、抗过敏

研究表明，红茶、绿茶和乌龙茶均有较强的抗过敏能力。茶叶中的茶多酚、茶皂素、茶黄素等成分对过敏反应具有预防与治疗效果。茶多酚通过以下途径起到抗过敏作用：抑制化学物质诱导的过敏反应；抑制组胺及过敏介质的释放；抑制活性因子如抗体、肾上腺素、酶等引起的过敏反应；促进肾上腺、垂体的活动而有消炎作用等。

三、抑菌

茶叶中的茶多酚、茶皂素和茶黄素等成分具有抑菌作用。

中国古书中有以茶为主要成分用于治疗皮肤病的记载，例如：将老茶叶碾细成末，用浓茶汁调和，涂抹在患处治疗带状疱疹；用浓茶水洗脚治疗脚臭；等等。这是因为皮肤病主要是由病原真菌引起的，而茶叶能抑制病原真菌的活性。研究表明，茶叶对斑状水疱白癣真菌、汗疱状白癣真菌和顽癣真菌都有很强的抑制作用。

茶对多种有害细菌如金黄色葡萄球菌、霍乱弧菌、黄色弧菌、蜡样芽孢杆菌、沙门氏菌、大肠杆菌等均有抑制作用。不同茶类对不同细菌表现出不同的抑制作用。如红茶和普洱茶对金黄色葡萄球菌的抑制作用比绿茶强，绿茶对霍乱弧菌的抑制效果优于红茶和普洱茶，普洱茶对小肠结肠炎耶尔森氏菌的抑制作用比绿茶、红茶强。一方面茶具有改善肠道细菌结构、促进有益菌群生长的作用，另一方面茶对许多有害细菌具有抑制生长的作用。

四、减肥降脂

肥胖容易引起代谢和内分泌紊乱、高血压症、高脂血症、高血糖症、冠心病等疾病。茶叶中的茶多酚、茶黄素、咖啡因、有机酸、茶多糖等成分，具有较好的减肥效果。多项流行病学及动物实验表明，茶多酚可以调节脂类代谢，降低其他器官及组织如肝脏、肾脏等的脂质含量，从而抑制肥胖及高脂血症的发生和发展，降低动脉粥样硬化、冠心病等各种心脑血管疾病的发生率和死亡率。茶黄素是红茶中的主要功能性成分，具有调节血脂、预防心血管疾病的功效。

很多学者对茶叶减肥的保健功效展开了深入研究，其调节机理主要包括调节食欲、减少能量吸收、抑制胃肠道中脂肪代谢酶的活性以及脂肪的生成和积累、调节肠道微生物环境等。

五、降血糖

糖尿病主要是以高血糖为特征的代谢性疾病，长期高血糖的状态会使身体各个器官加重负担，带来不同的伤害，特别是对眼、肾、心脏、血管、神经造成慢性损害、功能障碍。

我国和日本民间都有泡饮粗老茶叶治疗糖尿病的历史。粗老茶叶治疗糖尿病和茶多糖含量有密切关系。一般来说，茶多糖的含量随原料粗老度增加而递增。现代医学研究证明，茶多糖的降血糖作用主要通过以下路径实现：通过人体内糖的合成代谢来降低血糖；通过提高机体抗氧化功能，清除体内过量的自由基，诱导葡萄糖激酶的生成，促进糖分解，使血糖降低；通过抑制肠道蔗糖酶和麦芽糖酶的活性，使进入人体内的碳水化合物减少，起到降血糖的作用。

茶色素可以通过降低全血黏度和血小板黏附率，有效降低血糖；通过抗炎、抗变态反应来改变血液流变性，起到抗氧化、清除自由基等作用，使糖尿病患者的主要症状明显改善，降低空腹血糖值、β-脂蛋白含量，降低尿蛋白，改善肾功能。

六、防辐射

随着科技的发展，电器、电子设备使用频率越来越高，人们接触电磁辐射的时间也越来越多，多饮茶能够预防长时间、低剂量的辐射对人体造成的危害。

茶叶专家和医学专家认为，茶之所以能够防辐射，与茶中的茶多酚、茶氨酸、茶多糖等物质有关，相当于有了一个防护墙，起到防辐射作用，包括医疗辐射（放疗、化疗等）、紫外线辐射、手机辐射、电脑辐射等。

七、护肤美容

茶为天然美容抗衰老饮料。研究发现，绿茶、乌龙茶、普洱茶等具有防止皮肤老化、清洁肌肤的作用。目前以茶多酚为原料研制而成的日化产品有洗面奶、爽肤水、面霜、面膜、沐浴露、洗发水、牙膏等。

茶有保湿的功效。皮肤的水分流失会影响细胞正常代谢，使皮肤变干、变暗，甚至缺乏弹性、出现细纹。茶叶中的茶多酚是一种良好的保湿剂。随着年龄的增长，皮肤中透明质酸在透明质酸酶作用下会被降解，使皮肤硬化而形成皱纹。茶多酚可以抑制透明质酸酶的活性，有保湿的功效。

茶可以延缓皮肤衰老和护肤。茶多酚具有很好的抗氧化性，是人体自由基的清除剂。茶多酚可以促进皮肤角朊细胞有丝分裂和生长，减少细胞凋亡。茶多酚中的黄烷醇类化合物有"紫外线过滤器"的美称，可减少紫外线照射引起的皮肤黑色素形成，保护皮肤免受损伤。茶叶中的氨基酸、蛋白质等是皮肤的营养剂；茶叶中的多种维生素、微量元素和芳香油类也可促进皮肤代谢和胶原质的更新。

此外，饮茶还具有保护视力、防龋齿、抗疲劳、缓解精神压力等多方面的保健功效。

茶的保健功效

参考资料

1. 叶乃兴. 茶学概论 [M]. 北京：中国农业出版社，2013：24，30 - 32.

2. 王岳飞，徐平，等. 茶文化与茶健康 [M]. 北京：旅游教育出版社，2014：
   44 - 57.

3. 屠幼英. 茶与健康 [M]. 西安：世界图书出版西安有限公司，2011：59，
   180.

4. 陈宗懋. 茶的杀菌和抗病毒功效 [J]. 中国茶叶，2009（9）：4 - 5.

5. 蔡淑娴，万娟，刘仲华. 茶叶的调节免疫作用 [J]. 中国茶叶，2020（4）：
   1 - 12.

6. 林勇，黄建安，王坤波，等. 茶叶的抗过敏功效与机理 [J]. 中国茶叶，
   2019（3）：1 - 6.

7. 李勤，黄建安，傅冬和，等. 茶叶减肥及对人体代谢综合征的预防功效 [J].
   中国茶叶，2019（5）：7 - 13.

8. 刘冬敏，黄建安，刘仲华，等. 茶及其多酚类化合物调节肥胖及并存症的研究
   进展 [J]. 基因组学与应用生物学，2019（12）：5603 - 5615.

本章小结

🌱 **内容提要**

本章讲述了茶的主要成分和主要功效。茶叶中主要的功效成分有茶多酚、茶氨酸、咖啡因（咖啡碱）、茶多糖、茶色素、维生素、有机酸、芳香物质等。饮茶不仅能增进营养，而且能预防疾病，更具有延年益寿、强身健体的作用。

🌱 **核心概念**

茶多酚；茶氨酸。

🌱 **重点实务**

与朋友分享茶的保健功效。

🌿 复习题

茶的主要成分有哪些?

🌿 讨论题

如何健康饮茶?

🌿 实训项目

邀请朋友开展茶与健康的主题沙龙。

第六章 茶意生活
———科学饮茶

学习要求：通过学习，了解科学泡茶的要素，水为茶之母，器为茶之父，根据不同茶品合理选水、用水，根据茶品选择合适的泡茶器皿；掌握选购茶叶的要领、贮存茶叶的注意事项；掌握泡茶水温、茶水比、冲泡时间、冲泡次数等泡茶要素；了解如何科学饮茶。

第一节　水为茶之母

陆羽在《茶经》中说："其水，用山水上，江水中，井水下。其山水，拣乳泉、石池慢流者上。"陆羽将"择水"列为"茶有九难"之一。明代许次纾在《茶疏》中写道："精茗蕴香，借水而发。无水不可与论茶也。"明代张大复在《梅花草堂笔谈》中谈到："茶性必发于水，八分之茶，遇十分之水，茶亦十分矣；八分之水，试十分之茶，茶只八分耳。"这些论述都说明水质对泡茶来说非常重要。

一、水的分类

按照来源分类，水可以分为泉水（山水）、溪水、江水、河水、湖水、地下水、雨水等。

按照硬度分类，水可以分为软水、硬水。天然水中通常含有处于电离子状态下的钙和镁的碳酸氢盐、硫酸盐和氯化物。水的硬度是指水中钙、镁离子的浓度。溶有较高含量的钙、镁离子的水叫作硬水，只溶有少量或不溶有钙、镁离子的水叫作软水。我国测定饮用水的硬度是将水中的全部矿物质换算成碳酸钙，以每升水中碳酸钙的含量为计量单位，当水中碳酸钙含量低于 150mg/L 时称为软水，达到 150～450mg/L 时为硬水，达到 450～714mg/L 时为高硬水，高于 714mg/L 时为特硬水。我国《生活饮用水卫生标准》（GB5749—2006）规定，水中含碳酸钙低于 450mg/L 的水，可称为适度硬水。

硬水又分为暂时性硬水和永久性硬水。如果水的硬度指标是由碳酸氢钙或碳酸氢镁引起的，是暂时性硬水。暂时性硬水煮沸后，碳酸氢钙被分解，生成不溶性的碳酸盐沉淀，水由硬水变为软水；如果水的硬度是由含有钙、镁的硫酸盐或氯化物引起的，是永久性硬水。

在天然水中，远离城市未受污染的雨水、雪水属于软水，泉水、溪水、江河水、湖水多属于暂时性硬水，部分地下水属于高硬度水。

二、水质与茶的关系

水质会影响茶汤的品质。水质不好就很难体现茶叶的特性及色、香、味，尤其对茶汤滋味影响最大。

水的硬度会影响茶叶中有效成分的溶解。硬水中含较多的矿物质，会抑制茶叶中有效成分的溶解，对茶的汤色、滋味、香气不利。研究表明：如果茶汤中钙的含量达到 2mg/L 时，茶味变涩；若达到 4mg/L 时，茶味变苦。如果水中镁的含量大于 2mg/L 时，茶味变淡。

软水中含有其他溶质少，软水泡茶，茶叶中有效成分的溶解度高，茶汤明亮，滋味鲜爽；硬水泡茶，茶汤发暗，滋味发涩。因此，软水宜茶。

水的 pH 值能够影响茶汤的色泽及口味。当茶汤 pH 值大于 5 时，茶汤色泽加深；当茶汤 pH 值达到 7 时，茶黄素倾向于自动氧化而损失，茶红素则由于自动氧化而使汤色发暗，失去汤味的鲜爽度。

三、泡茶用水的选择

泡茶用水可以有多种选择，如泉水、井水、雪水、自来水、纯净水等。

（一）泉水

泉水在涌出地面之前为地下水，经地层反复过滤，涌出地面时，水质清澈透明，沿溪涧流淌，又吸收空气，增加了溶氧量；且在二氧化碳的作用下，溶解岩石和土壤中的钠、钾、钙、镁等元素，具有矿泉水的营养成分。但是要注意，像硫黄矿泉水就不能用来泡茶。

杭州虎跑泉（见图6-1）与有"绿茶皇后"之美称的西湖龙井是最佳搭配，被誉为"西湖双绝"。

图6-1　杭州虎跑泉

西湖双绝🔍

虎去泉犹在 客来茶甚甘——虎跑泉🔍

（二）井水

一般而言，深井水好于浅井水，农村井水好于城市井水，常汲的井水好于不常汲的井水。宋代梅尧臣《答建州沈屯田寄新茶》中有"碾为玉色尘，远汲芦底井"的诗句，元代洪希文《煮土茶歌》中有"莆中苦茶出土产，乡味自汲井水煎"的诗句。这些都是咏井水的佳作。井水是浅层地下水，容易受到污染。

（三）雪水

唐代陆龟蒙《奉和袭美茶具十咏·煮茶》中有"闲来松间坐，看煮松上雪"的诗句。雪水和雨水，被古人誉为"天泉"，宜于煮茶。雪水是软水，较纯净。咏雪水佳句很多，如"融雪煎香茗"（唐白居易《晚起》）、"试将梁苑雪，煎动建溪春"（宋李虚己《建茶呈学士》）、"夜扫寒英煮绿尘"（元谢宗可《雪煎茶》）等。用软水泡茶其汤色清明，滋味鲜爽。雪水泡茶的前提是需要洁净无污染的雪。

（四）自来水

自来水一般采自江、湖，并经过净化处理，符合饮用水卫生标准。但是有时处理自来水水质所用的氯化物过多，常常会有漂白粉的味道，对沏茶是不利的；可将自来水注入洁净的容器，让其静置过夜，使氯气挥发，或煮水时适当延长沸腾的时间。

（五）纯净水

现代科学的进步，使得采用多层过滤和超滤、反渗透技术可以将一般的饮用水变成不含有任何杂质的纯净水，并使水的酸碱度达到中性。用这种水泡茶，沏出的茶汤不仅净度好、透明度高，而且香气、滋味纯正，无异杂味，鲜醇爽口。纯净水大多数都适宜泡茶。

泡茶用水可以有多种，但必须符合下列要求：重金属和细菌、真菌指标必须符合国家生活饮用水卫生标准；应选择软水或暂时性硬水为宜；泡茶用水的pH值以5～7为宜，即中性或弱酸性水为宜；应选择透明度好、无异味的水。

用感官择水，现代饮用水的标准是无色、透明、无沉淀，不含有害物质，无异嗅和异味。按古人经验，评判宜茶美水的标准是"清""轻""甘""冽""活"。"清"就是无色、透明、无沉淀；"轻"是指水中杂质含量少，

泡茶用水的选择

水体轻；"甘"是指水味淡甜；"冽"是指水温冷、寒，清冷通透，冰水、雪水最佳；"活"就是流动的水，"流水不腐，户枢不蠹"，活水更洁净。

四、煮水

（一）煮水热源及容器

煮水可用柴、煤、炭、煤气、酒精、电等，除电无异味外，柴、煤等燃料燃烧时多少都有气味产生。为使煮好的水不带有异味，应注意烧水的场所通风透气；柴、煤等灶应装置烟囱以使烟气及时排出，用普通煤炉时室内应装排气扇；不用沾染油、腥等异味的燃料；烧水的水壶盖应密封盖好。建议最好用煤气、酒精、电等热源煮水，既清洁卫生，又简单方便，达到急火快煮的要求。

（二）煮水程度

煮水"老""嫩"都会影响开水的质量，应严格掌握煮水程度。最早辨别煮水程度的方法是形辨，正如唐代陆羽在《茶经》中指出的："其沸如鱼目，微有声为一沸，缘边如涌泉连珠为二沸，腾波鼓浪为三沸，已上水老不可食也。"

为什么开水过"嫩"和过"老"都不合适呢？这与煮水过程中矿物质的变化有关。生活饮用水大多为暂时性硬水，水中的钙、镁离子在煮沸过程中会沉淀，如果水煮得过"嫩"则达不到此目的，钙、镁离子在水中会影响茶汤滋味。同时，水煮沸的过程也是杀菌消毒的过程，可以确保饮水的卫生。久沸的水，碳酸盐分解时溶解在水中的二氧化碳气体挥发散失，会减弱茶汤的鲜爽度。

第二节 茶与器的选配

水为茶之母，器为茶之父。对于泡好茶而言，器具的选择有很多讲究。

一、茶器选择因茶而定

（一）绿茶

绿茶可以选用透明的玻璃杯冲泡。特别是一些名优绿茶，非常细嫩，冲泡后的"茶舞"也极具观赏性，玻璃杯的透明质地能让人在茶叶的舞动中感受到春天的气息，欣赏绿茶美妙的形态和色泽。

绿茶还可以采用碗泡法冲泡，用碗泡法冲泡名优绿茶别有一份古意和清雅。

绿茶也可以选用白瓷、青瓷、青花瓷无盖杯等。

（二）黄茶

冲泡黄茶可以选用玻璃杯，也可以选用盖碗或瓷壶。

（三）白茶

冲泡白茶可以选用盖碗或瓷壶；老白茶耐冲泡，也可以用煮茶器煮饮。

（四）红茶

冲泡红茶可以选用盖碗、瓷壶等，或者是内壁施白釉的紫砂茶具，能使茶汤的色香味发挥得更好。

（五）青茶（乌龙茶）

青茶（乌龙茶）适合选用紫砂壶或盖碗冲泡，能使茶汤更有韵味。紫砂壶泡茶，有利于蓄温、升温，促进茶汤浓醇、茶香焕发，有利于闻香品味。

（六）黑茶

黑茶可以选用吸水性、透气性、包容性强的陶壶冲泡，能让茶汤柔滑醇和；也可以用壶煮饮，使黑茶浓醇的滋味更好地体现出来。

（七）花茶

花茶可以选用青瓷、青花瓷盖碗、盖杯等冲泡，更易于体现花茶的品质特征。

二、茶器选择因人而定

古代茶器在一定程度上体现了使用者的不同地位和身份。如唐宋时期的宫廷用茶器中，金银质地的茶器比较多见，反映了皇族"崇金尚银"的喜好和追求；

而民间使用瓷质茶器多一些。

很多文人雅士不仅爱茶品茶，而且亲自参与茶器的设计制作。唐代茶圣陆羽精心设计的茶器集实用性、文化性和审美性于一体，对当时以及后世都产生了深远的影响。

相传宋代苏轼在宜兴讲学时曾经设计了一款提梁壶，后人为了纪念他，称之为"东坡提梁壶"。

爱茶的乾隆皇帝多次下诏指导茶器的生产，有的茶器上还有御制诗文装饰，反映了乾隆皇帝对茶文化的理解和品味。

现代人饮茶，可以根据泡茶者的实际需求、爱好选择个性化的茶器。比如女士喜欢用温婉精致的壶或盖碗泡茶，男士通常习惯用容量大一些的壶或杯泡茶，习茶的小朋友可以选择小型可爱的儿童茶器。

第三节 茶的选购与贮藏

茶是健康的饮品，也是生活的调剂品。我们应了解茶的选购与贮藏。

一、茶叶的选购要领

（一）关注茶叶的品质

茶叶的品质表现在色、香、味、形四个方面，也就是外形和内质。茶叶的外形因品类不同而异。选购茶叶看外观要注意外形，还要看茶叶的色泽、匀净度等。高档名茶都要求外形匀整、色泽一致。外形粗松不匀称，色泽枯褐花杂，梗片碎末或夹杂物多，质量较差。

茶叶的内质，可以通过开汤审评的方法进行，嗅香气、看汤色、尝滋味、评叶底。茶叶香型丰富，香气鲜灵纯正、高长的是好茶，而含有粗老气、烟焦味、异味的茶是档次低、品质差的茶。

茶汤的色泽是溶解在茶汤中的各种色素和多酚类等物质的反映。判断茶的优劣要看汤色的浓淡、深浅、明暗、清浊等程度。绿茶以清澈、绿亮或绿中透黄为好；乌龙茶以金黄明亮为好；红茶以红艳明亮为好。如果汤色浅薄、暗浊说明茶叶品质差。

茶叶的滋味主要由多酚类、氨基酸、咖啡因和糖类等物质的组合和相互影响所形成，有浓、鲜、甘、醇和苦、涩、淡、酸等类型。这些形成滋味的物质溶解于茶汤之后，是否符合本茶类的风味，就决定了茶叶品质的高低。

评叶底，用沸水泡过的茶叶称叶底，从叶底可以看出鲜叶原料和采制工艺的情况。

（二）注意茶叶的干燥度

查验茶叶的干燥度，比较简单的方法是随意挑选一片干茶，放在拇指与食指之间用力捻，如果能捻成粉末，那么干燥度是可以的；如果捻成的是小碎粒，那么含水量偏大，干燥度不足，或者茶叶已吸潮。

（三）关注茶叶的产地

茶叶的种类较多，产地不同，质量差异会很大，选购时最好能选主产区出产的茶叶。茶树的生长环境也非常重要，即使是同一产区的茶叶，小环境不同，也会影响到茶叶的品质，比如靠近马路边的茶园，由于受汽车尾气等影响，容易导致茶产品铅超标，对健康不利。海拔高的山区生长的茶叶要比平地茶叶质量好。

（四）选购有认证的茶

选购茶叶时，要认准一些标志，如食品市场准入标志，也就是 QS（质量标准 "Quality Standard" 的缩写）。除此之外，茶叶还有无公害认证、绿色食品认证、有机茶认证、原产地认证等标志。

二、茶叶的贮藏

我国饮茶、制茶和茶文化的发展历史悠久，有绿茶、红茶、黑茶、白茶、青茶、黄茶六大茶类。茶叶一般都有一定的贮藏期，特别是绿茶，由于其生产工艺的原因，如果贮藏及运输方法不当，其成分易发生改变，引起茶叶变质。利用贮藏工具隔绝空气中的水分的方法在唐朝时就有应用。

合理的贮藏能延长存放时间，稳定茶叶的品质。如果贮藏不当，茶叶容易发生变质。

（一）贮藏过程中影响茶叶品质的因素

茶叶中主要含有茶多酚、氨基酸、咖啡因、糖类等化学成分，在水分、温度、氧气、光照等条件下，各种化学成分易发生氧化劣变，其中水分和温度是茶叶变质的最主要因素。

1. 水分

茶叶贮藏过程中水分含量是由茶叶含水量以及空气相对湿度决定的。干茶含水量一般为 5% 左右。茶叶自身含水量过高时，茶叶易发生一系列劣变反应，甚至变质。茶叶含水量达 7% 时，任何保鲜技术或包装材料都无法保持茶叶的新鲜风味。空气相对湿度对茶叶品质的影响主要是针对敞口包装或保鲜库储藏而言的。绿茶在 5℃、相对湿度 81% 的条件下贮藏 1 年，色泽仍能达到商业销售标准；而当相对湿度大于 88% 时，就无法较好地保持绿色了。

2. 温度

温度对茶汤色泽和茶汤香气的影响非常明显。试验表明：其他条件等同的情况下，温度稍低，茶叶多酚类物质氧化相对减少，感官上，茶叶色泽变化不大，茶香轻微变淡；温度每升高 10℃，绿茶汤色和干茶色泽的褐变速度也随之增加 3～5 倍。

3. 光照

光照对茶叶品质的影响在于催化其中脂类物质氧化，引起干茶色泽和茶汤滋味的变化。试验证实，光照对茶叶中多酚类物质、氨基酸以及咖啡因含量的影响比较明显。

4. 氧气

氧气也是茶叶贮藏的一个不利的因素。氧气可以引起茶多酚类、维生素类、不饱合脂肪酸类物质的氧化，茶叶品质下降。

科研工作者对绿茶保鲜的研究表明，绿茶加工干燥的过程中控制干茶的含水量，低温、干燥、避光、隔氧的贮藏条件可以最大程度地延缓绿茶品质的变化，延长贮藏期。

（二）茶叶贮藏方式

茶叶贮藏方式多种多样，我国传统的贮藏方式有石灰贮藏法、木炭密封贮藏法等。

目前市场上的贮藏包装主要是听装（马口铁镀锡、镀锌或镀铬薄板，不锈钢罐，铝罐，锡罐等）、袋装（纸袋、塑料袋、铝箔复合袋等）和盒装（纸质、木质、竹质和其他材质）。另外，新的包装材料、干燥剂、除氧剂、抽气充氮技术、二氧化碳技术、真空技术等正广泛运用在茶叶贮藏中。

茶叶常用的贮藏方法有专用冷藏库冷藏法（冷藏库相对湿度控制在 65% 以下、温度 4℃～ 10 ℃为宜）、真空和抽气充氮储藏法、除氧剂除氧保鲜等。

家庭中贮藏茶叶常用的方法有冰箱贮藏法、石灰缸贮藏法、木炭贮藏法等。

第四节　泡茶要素

泡茶要素包括茶水比例、泡茶水温、冲泡时间、冲泡次数和方法等。

一、茶水比例

茶水的比例根据茶叶的种类及饮茶者情况等有所不同。

绿茶、黄茶、红茶、花茶的茶水比为 1：50；普洱茶的茶水比为 1：30 至 1：50；白茶的茶水比为 1：20 至 1：25。乌龙茶要泡出韵味，投茶量需大大增加，颗粒形茶约占泡茶容器的 1/3，半球形茶约占泡茶容器的 1/2，条形茶约占泡茶容器的 2/3，粗大条形茶则要占满冲泡器的容量；冲泡后，茶叶舒展的叶底约占冲泡器容量的九成。

茶汤不要泡得太浓，因为浓茶有损胃气，对脾胃虚寒者更甚。茶叶中含有鞣酸，太浓的茶汤会收缩消化道黏膜，妨碍胃吸收，引起便秘。同时，太浓的茶汤不易使人品出茶香嫩的味道，故古人谓饮茶"宁淡勿浓"。

二、泡茶水温

水温过高，茶芽会被闷熟，泡出的茶汤黄浊，滋味较苦，维生素也易被大量破坏，即俗话说的造成"熟汤失味"。水温过低，茶叶中的有效物质未能充分溶出，茶汤香薄味淡，甚至茶叶浮于水面沉不下去，造成饮用不便。

对于比较细嫩的高档红茶、绿茶（如洞庭碧螺春、南京雨花茶等），宜用80℃～85℃的水冲泡；对于芽叶肥壮、多毫的绿茶，因茶叶表面多茸毛、蜡质，开水不容易渗入茶叶中，需要用沸水冲泡。氨基酸含量高的茶如安吉白茶，第一泡水温宜为60℃～65℃。

乌龙茶，以天然花香而得名，但由于采摘的鲜叶比较成熟，因此，在冲泡中除用沸水冲泡外，还需用沸水淋壶，目的是增加温度，使茶香能够充分挥发出来。

黄茶视原料老嫩程度，一般水温为85℃～90℃。

泡茶时，应根据季节、气候、冲泡器具质地和冲泡程序简繁调控水温。夏天备水时温度可低一些，冬天则高一些；未经预热的泡茶器具及容易散热的容器，水温高一些；冲泡之前程序较繁，备水会久置，初备水时温度高一些。

三、冲泡时间

研究测定，茶叶经沸水冲泡后，首先从茶叶中浸提出来的是维生素、氨基酸、咖啡因等；浸泡到了3分钟时，上述物质在茶汤中已有较高的含量，使茶汤喝起来有鲜爽、醇和之感；随着茶叶浸泡时间的延长（约5分钟时），茶叶中的茶多酚类物质被陆续浸提出来，这时的茶汤喝起来鲜爽味减弱、苦涩味等相对增加。

一般杯泡绿茶、红茶、黄茶、茉莉花茶，冲泡2～3分钟饮用最佳，当茶杯中尚余1/3茶汤时即可续水。

一般白茶、乌龙茶用壶或盖碗泡，首先需要温润泡，目的在于将茶叶"唤醒"。温润泡的茶汤一般不饮用。温润泡之后，第一泡、第二泡、第三泡、第四泡依次浸泡茶叶的时间约为60秒、75秒、100秒、135秒。也就是从第二泡开始要逐步增加冲泡时间，这样前后茶汤浓度才比较均匀（具体时间应视茶的具体情况而定）。

冲泡时间究竟需要多长，以茶汤浓度适合饮用者的口味为标准，一般而言，粗老、坚实、整叶的茶叶冲泡用时要多于细嫩、松散、切碎的茶叶。

四、冲泡次数和方法

（一）冲泡次数

冲泡次数与茶叶种类、投茶量、泡茶水温和品饮者的习惯有关。

一般来说，红茶、绿茶、白茶、黄茶、花茶均以冲泡 3 次为宜，也可依各人口味而做调整。乌龙茶一般可冲泡 4～5 次。有些乌龙茶甚至可冲泡 9～10次，这与其投茶量多、每次冲泡时间短有关。普洱茶冲泡次数一般由个人口味而定。

（二）冲泡方法

冲水后加不加盖，要"看茶、看水、看天气"，茶嫩、水热、暑天可不加盖；反之应加盖闷茶。

续水要及时。杯泡法当饮到杯中尚余 1/3 茶汤时，应及时续水；若续水太迟，等第一泡茶汤喝完后再加水，则第二泡的茶汤就会寡淡无味。

杯泡法民间常用"凤凰三点头"之法，即将水壶下倾上提三次，表示主人向宾客点头，以示敬意。之所以如此，也是利用水注的冲力使茶叶和茶水上下翻动，使茶汤浓度前后一致。

一般来说，我们把握好以上环节，就能将茶性发挥好，冲泡出色正、香高、味醇的茶汤。

泡茶要素

参考资料

1. 屠幼英. 茶与健康［M］. 西安：世界图书出版西安有限公司，2011：250－251.

2. 王岳飞，周继红，徐平. 茶文化与茶健康——品茗通识［M］. 杭州：浙江大学出版社，2021：105，257－258.

3. 刘跃云，陈叙生，曾旭，周小芬. 茶叶贮藏技术研究进展［J］. 安徽农业科
   学，2012，40（14）：8227－8228，8232.

4. 胡长春. 我国古代茶叶贮藏技术考略［J］. 农业考古，1994（2）：259－262.

5. 汪松能，万玲，黄永发. 家庭茶叶选购与待客礼仪［J］. 蚕桑茶叶通讯，
   2010（2）：33－34.

6. 李勇，方琼. 茶叶的选购、冲泡与家庭贮藏［J］. 陕西农业科学，2004（1）：
   67－68.

7. 傅尚文. 家庭用茶叶的选购和贮藏［J］. 福建茶叶，1999（1）：34－35.

8. 陈杰，汪一飞. 谈茶叶的选购饮用和贮存保管［J］. 中国茶叶加工，2007
   （4）：57.

本章小结

🌱 内容提要

本章讲述了水为茶之母——泡茶用水、器为茶之父——茶具、茶的选购与贮藏要领、泡茶要素。泡茶用水要选择符合国家饮用水标准的水，选择软水或暂时性硬水。茶器类型多样，应根据不同茶品选择合适的茶器。茶的选购要关注茶叶的品质、干燥度、产地等因素；茶的贮藏，要注意干燥、低温、避光、防异味。茶水比例、泡茶水温、冲泡时间、冲泡次数和方法等是科学泡茶的要素，要根据不同的茶品特性灵活选择。

🌱 核心概念

水的硬度；泡茶要素。

🌱 重点实务

结合不同的茶品，进行科学冲泡。

🌱 复习题

1. 谈谈宜茶美水的标准。

2. 茶的贮藏要注意哪些因素？

3. 简述泡茶要素。

讨论题

如何选择泡茶用水？

实训项目

冲泡有代表性的茶品，并与同学们分享。

第六章 茶意生活——科学饮茶——

101

习茶悟道
——茶艺与茶道

学习要求：通过学习，了解茶艺的发展，掌握代表性茶艺呈现要领，能够冲泡好代表性茶品，了解调饮茶的历史和当今发展。了解茶道的内涵、中国茶道的内容和特点，辨析茶艺与茶道的关系。

第一节 茶艺概述

一、什么是茶艺

茶艺是指冲泡茶的技艺和品茶的艺术。

茶艺在中国优秀文化的基础上，广泛吸收和借鉴了其他的艺术形式，并扩展到文学、艺术等领域。茶艺包括茶叶品评技法和艺术操作手段的鉴赏以及品茗美好环境的领略等整个品茶过程的美好意境，其过程体现了形式和精神的相互统一，是饮茶活动中形成的文化现象。

茶艺包括选茗、择水、烹茶技术、茶器艺术以及环境的设计、选择、创造等一系列内容。

二、中国茶艺发展简史

（一）茶艺萌芽于晋代

西晋文学家张载《登成都白菟楼诗》云："芳茶冠六清，溢味播九区。"他赞美茶叶的芳香赛过各种饮料，它的滋味传播到九州大地。这首诗描写茶叶的芳香和滋味，说明当时人们饮茶已经开始从审美的角度来欣赏茶的芳香和滋味，这也是品茶艺术的萌芽。

东晋的陆纳和桓温皆主张"以茶代酒"和"以茶示俭"；南北朝时期的齐武帝萧赜同样提倡节俭，并认为茶可以代表和传递出"节俭"之意，提出以茶为祭品。《茶经》和《晋书》中记载的"陆纳杖侄"的故事，更是表现了当时的茶已经开始超越生理功能，产生社会功能和文化功能。

（二）茶艺形成于唐代

唐代茶产业经济大发展，茶利大兴，茶道大行，茶文化空前兴盛。茶圣陆羽在《茶经》中系统总结了唐及唐以前有关茶叶生产、加工、品饮的实践经验，搜集了茶的历史文化记述，是一部百科式的茶学经典。《茶经》的问世，标志着中国古代茶文化体系的形成和走向全面成熟。唐代饮茶已经形成一套完整的流程，《茶经》中陆羽提出了"清饮"的方法，饮茶的仪式感、审美属性、艺术性和文化功能较之前被大大地强化，茶艺已经成为一种表演艺术。

陆羽在《茶经·五之煮》中详细记载了唐代煎茶技艺的完整流程：先将茶饼放在炭火上烘烤，直到两面都要起小泡如蛤蟆背状，然后趁热用纸囊包起来，不让精华之气散失；等茶饼冷却之后，再将它碾磨成茶末，然后用罗筛取其粉末；等水烧到冒起如鱼眼大小的水珠，同时微微发出响声时，为一沸，此时加入盐，进行调味；等水烧到锅边如涌泉连珠时，为二沸，此时先舀出一瓢滚水备用，再用茶箸搅动锅周围，使得沸滚均匀（注意，搅动时动作要轻缓），锅中出现水涡后，用量取茶末的小勺（叫作"则"）量取一定量的茶末，从旋涡中心投下；少顷，锅里的茶汤翻滚，为三沸，将刚刚舀出的水倒进去，使得锅内降温，停止"沸腾"，以孕育"沫饽"（或者叫作"汤花"）；然后将锅从火上拿下来，放在"交床"上。这样茶汤就煮好了，可以向茶碗中酌茶敬奉宾客了。一般每次煮茶一升，酌分五碗，趁热喝下；酌茶时（舀茶汤入碗中），须使"沫饽"均匀。

整个过程中，陆羽强调对茶汤"沫饽"的培育，将茶的汤花分为"沫""饽""花"三类。

"沫饽，汤之华也。华之薄者曰沫，厚者曰饽，细轻者曰花，如枣花漂漂然于环池之上；又如回潭曲渚，青萍之始生；又如晴天爽朗，有浮云鳞然。其沫者，若绿钱浮于水湄，又如菊英堕于鐏俎之中。饽者，以滓煮之。及沸，则重华累沫，皤皤然若积雪耳。"薄而密的叫"沫"，厚而绵的叫"饽"，细而轻的叫"花"。《茶经·五之煮》"凡酌"一节，对此做了精彩的描述：花，就像枣花漂浮在圆形的水面上，又像在深潭回转，或如在小舟边转弯的流水面上刚出水之青萍，又像在晴朗的天空中飘浮着鱼鳞般美丽的浮云；沫，就像绿钱草浮在水边，又像菊花的花瓣，撒落在杯盘之中；饽，是把第一次煮茶的沉渣再煮，水一沸腾，就又有许多的花和沫累叠起来，白花花的如积雪一样。

用枣花、青萍、浮云、菊英、积雪等一系列美丽的词来形容茶汤的沫饽，可见当时对茶汤的需求已经远远超越生理需求，而是提升至精神层次的审美；煮茶技艺的艺术性凸显，并且开始成为一种表演艺术，可以在客人面前表演。

陆羽在 1 200 多年前全力倡导和推行的饮茶方法，亦被称为"文士茶"——清饮品茗法，问世不久即受到人们特别是士大夫阶层、文人雅士和品茗爱好者的赞赏。这种饮茶方式，可令饮者更细心地领略茶的天然特性，在饮茶中与清谈、赏花、玩月、抚琴、

滩声起鱼眼 满鼎漂
清霞——唐代煎茶法

吟诗、联句相结合，旨在创造出一种清逸脱俗、高尚幽雅的品茗意境。陆羽所倡导的茶文化精神，至今仍在影响着我国茗饮文化的发展。陆羽在总结前人饮茶经验的基础上，通过亲身体验，提出了煎茶的理论并付诸实践，开创了饮茶新风尚，推动了唐代茶文化的形成和发展。

陆羽制订的茶艺程式经过唐代常伯熊"广润色之"之后，开始"茶道大行"。常伯熊在表演茶艺时已经有了一定的服饰、程式、讲解，具有相当的艺术性和观赏性，形成了一种艺术表演形式。因此，我们可以说，常伯熊是历史上第一位成功的茶艺表演艺术家，这也是茶艺在唐代形成的一个重要标志。

（三）茶艺成熟于宋代

宋代的茶叶分两大类：一类是蒸压而成的团饼茶，是一片片的，称为片茶，又因茶表面涂有一层腊（蜡）故而又称腊面茶或腊茶；另一类是散茶，芽叶采摘

后未蒸压，经干燥而成，又称草茶。宋代崇尚片茶，饮用的方式与唐代"煎茶"不同，是为"点茶"。

"点茶"，是将唐代煎茶的"鍑"改为"茶盏"，将茶末放入茶盏中，采用开水冲点，再用茶筅"击拂"，使其产生"沫饽"而成。

宋代点茶法与唐代煎茶法的区别在于：

第一，冲泡的主要器具不同，唐代用"鍑"，宋代用"茶盏"。

第二，"沫饽"产生的方式不同，唐代茶汤"沫饽"自然产生于"煎茶"的过程，而宋代茶汤"沫饽"是由人工采用茶筅"击拂"产生的。

其具体操作以蔡襄《茶录》所述如下：

一是炙茶。经年陈茶，需将茶饼在洁净的容器中用沸水浸渍，待涂在茶饼表面的膏油变软，刮去外层，然后用茶夹钳住茶饼，在微火上炙干，就可以碾碎了。未涂膏油的当年新茶，则没有此道程序。

二是碾茶。茶饼在碾前先用干净的纸包起来捶碎，捶碎的茶块要立即碾用，碾时要快速有力，称之为"熟碾"。这样碾出的茶末洁白纯正，否则会导致茶汤"色昏"。散茶用石磨碾末。

三是罗茶。碾磨后的茶末过筛称为罗茶，与唐代大体相同，只是宋代更强调茶罗要细。茶罗细，筛出的茶末才细，"罗细则茶浮，粗则水浮"。茶末绝细，才能"入汤轻泛，粥面光凝，尽茶色"。

四是候汤。宋代点茶，是用沸水来冲点末茶，水温的恰到好处至关重要。蔡襄说："未熟则沫浮，过熟则茶沉。"宋代煮水与唐代不同，不再用鍑而是用瓶，敞口能目辨汤变，而茶瓶辨汤就比较困难。所以蔡襄又说："况瓶中煮之，不可辨，故曰候汤最难。"宋代茶人在茶事操练中提出了"声辨法"，即依靠水的沸声来判别煮水的适度与否。

五是熁盏。点茶之前先要熁盏，即将茶盏用开水冲涤令其热，这样有助于透发茶香。蔡襄认为如果不熁盏，"冷则茶不浮"。宋徽宗也认为"盏惟热，则茶发立耐久"。

六是点茶。这是最为关键也最具有技艺的一环。点茶的第一步是调膏。调膏得掌握茶末与水的比例：一盏中茶末二钱，加以适量开水，调成极均匀的茶膏，要有胶质感。这时，开始向茶盏注入煎好的沸水，一边注水一边用茶筅环回击拂。注水和击拂有缓急、轻重和落点的不同，要适时变化。

（四）茶艺传承于明清

明代开始，茶品的加工制作和饮用方式与唐宋相比发生了较大的变化，茶汤的冲泡及茶艺的呈现也表现出了巨大的变化，由宋代的"点茶"茶艺演变为明清的"撮泡法"沏泡，基本等同于我们现代茶汤清饮的冲泡方式。茶艺呈现了诸多的流派和程式。

仿宋点茶实操 🔍

第二节　茶艺的现代呈现

一、绿茶茶艺

绿茶玻璃杯泡法是基础茶艺冲泡手法的一种，是适宜于用玻璃杯呈现茶品的冲泡方法。绿茶冲泡水温以80℃～85℃为宜。

（一）备器

绿茶茶艺备器见表7-1。

表7-1　绿茶茶艺备器

名称	数量	名称	数量	名称	数量
玻璃杯	三个	茶道组	一组	水壶	一个
赏茶荷	一个	茶巾	一块	水盂	一个
杯垫	三个	茶盘	一个		

（二）备茶

参照茶与水1∶50的比例，将要冲泡的适量茶叶放入赏茶荷中。茶叶量在实际操作中也可根据具体情况进行调整。

（三）冲泡流程

（1）行礼：行真礼—入座—行行礼。

（2）布具：

☞ 右手将水壶放置于茶桌右上方。

☞ 双手将水盂捧起，放于水壶后方。

☞ 双手（女士）或单手（男士）将茶巾放置于水盂后方。

☞ 双手将茶道组拿起，于胸前交与左手，右手托举左手手臂，左手将茶道组放置于茶桌左上方。

☞ 双手将赏茶荷取至胸前，交与左手，右手托举左手手臂，左手将赏茶荷放置于茶道组后方。

☞ 双手将茶盘左上方的玻璃杯移动至茶盘左下方。

☞ 将玻璃杯按照从右至左的顺序依次翻正。

布具完毕，与观众目光交流，双手交握回到身体正前方。

（3）赏茶：双手或单手将赏茶荷取至胸前，双手分别托握于赏茶荷左右，按照从右至左的顺序向宾客展示赏茶荷中的茶叶，然后回到原位。

（4）温杯：右手提水壶，逆时针方向旋转注水，注水量为逆时针方向旋转两圈半或者三圈，一边旋转一边注水。注水点为玻璃杯的9点钟或3点钟方向。之后，双手将玻璃杯捧取至胸前，交与右手，左手从玻璃杯下方承托，逆时针方向缓慢转动玻璃杯，水要流到接近杯口但不能流出。用热水温热玻璃杯，然后弃水。

（5）置茶：双手捧取赏茶荷至胸前，交与左手；右手拿取茶道组中的茶拨，将赏茶荷中的茶叶轻轻拨入三个玻璃杯中；然后分别将茶拨和赏茶荷放回原位。注意，置茶时，茶叶不能掉落在外。

（6）温润泡：注水量刚刚没过茶叶即可。之后摇香两圈半到三圈，速度要快。

（7）冲泡：应用凤凰三点头的手法，或者低一圈，然后拉高，再落回一圈。

（8）奉茶：双手先将右上角的玻璃杯移至中间位置，再将其他两个玻璃杯也移至中间位置。三杯处于一条水平线上，都位于茶盘中央。将茶盘整体端至胸前，再起身奉茶。行走至宾客面前，先行礼，再将茶盘用左手臂稳稳托住，上前一小步，屈膝，用右手按照从右到左的顺序将茶汤依次奉至宾客的右手边，右手行伸掌礼，微笑说"请用茶""请喝茶"或者"请品茶"。之后，后撤一步，90度转身，右手移动茶盘中两杯茶汤的位置，再奉给下一位宾客。

（9）收具：先双手（女士）或者单手（男士）将赏茶荷放置于茶盘右上方，然后将茶道组双手放置于茶盘左上方；双手（女士）或单手（男士）将茶巾放置于茶盘中央；双手将水盂捧起放于茶盘左下方；右手将水壶放置于茶盘右下方。

（10）退场：双手五指并拢放于大腿上，行行礼；起身，右脚横跨一步，左脚后撤一步，行真礼，90度转身，退场。

（四）注意事项

着宽松茶人服，化淡妆，发型干净利落，不可染指甲，不可着无袖上装。

绿茶玻璃杯冲泡

二、红茶茶艺

红茶多采用盖碗来冲泡，盖碗别名"三才杯"，上有盖、下有托、中有碗，又称"三才碗"，盖为天、托为地、碗为人，暗含天地人和之意。盖碗也是最为百搭的冲泡器具，无论什么茶类皆可用盖碗来冲泡。红茶冲泡水温以90℃～95℃为宜。

（一）备器

红茶茶艺备器见表7-2。

表7-2　红茶茶艺备器

名称	数量	名称	数量	名称	数量
盖碗	一个	茶道组	一组	水壶	一个
公道杯	一个	赏茶荷	一个	水盂	一个
品茗杯	三个	杯垫	三个	茶巾	一块
茶盘	一个	奉茶盘	一个		

（二）备茶

参照茶与水1：50的比例，将要冲泡的适量茶叶放入赏茶荷中。茶叶量在实际操作中也可根据具体情况进行调整。

（三）冲泡流程

（1）行礼：行真礼—入座—行行礼。

（2）布具：

☞右手将水壶放置于茶桌右上方。

☞双手将水盂捧起，放于水壶后方。

☞双手（女士）或单手（男士）将茶巾放置于水盂后方。

☞双手将茶道组拿起于胸前，交与左手，右手托举左手手臂，左手将茶道组放置于茶桌左上方。

☞双手将赏茶荷取至胸前，交与左手，右手托举左手手臂，左手将赏茶荷放置于茶道组后方。

☞双手将茶盘上方的盖碗轻轻举起，挪动至茶盘下方，调整公道杯的位置，以方便行茶。

☞右手单手翻正品茗杯。

布具完毕，与观众目光交流，双手交握回到身体正前方。

（3）赏茶：双手或单手将赏茶荷取至胸前，双手分别托握于赏茶荷左右，按照从右至左的顺序向宾客展示赏茶荷中的茶叶，然后回到原位。

（4）温盖碗和公道杯：左手拿起盖碗的盖子，向自己画半圆，开盖，将盖碗的盖子放置于适合的位置；右手提水壶，逆时针方向旋转注水，注水点为盖碗的9点钟或3点钟方向，注水量为盖碗容量的2/3；之后，水壶画半圆放回原位；左手向外画半圆，将盖碗的盖子盖好；右手用大拇指、食指、中指将盖碗轻轻拿起至胸前，左手由下至上轻轻托住盖碗，右手逆时针缓慢转一圈温热盖碗；然后，将温盖碗的热水倒入公道杯中；之后，用同样的手法温公道杯，再将公道杯中的热水依次均匀地注入品茗杯中。

（5）置茶：左手开盖，将盖碗的盖子放置于适合的位置；双手捧取赏茶荷至胸前，交与左手；右手拿取茶道组中的茶拨，将赏茶荷中的茶叶轻轻拨入盖碗中；再将茶拨和赏茶荷分别放回原位。

（6）温润泡：根据茶叶的具体情况选择注水手法和注水方式，水量刚刚没过茶叶即可。

（7）摇香：右手持盖碗，左手轻轻托住盖碗下方，以逆时针方向快速转动两圈半到三圈。

（8）冲泡：右手提壶至盖碗上方，一般可以3点钟或9点钟方向为冲泡注水点，逆时针沿着盖碗的碗沿注水、冲泡。

（9）温品茗杯：右手拿取品茗杯，左手轻轻托住杯底，逆时针转动一圈，将品茗杯中的水倒入水盂。依次将三个品茗杯都温好。

（10）出汤：右手拿起盖碗的盖子，轻轻在左侧留出一条小缝隙，然后整体将盖碗拿取至公道杯上方，出汤至公道杯。注意，出汤必须不急不缓、不粗不细、不紧不慢，否则会对茶汤有一定程度的影响。

（11）分茶：右手持公道杯，依次将公道杯中的茶汤均匀地分到品茗杯中。

（12）奉茶1：双手拿起奉茶盘，依次将冲泡好的三杯茶汤放入奉茶盘中。若为女士，则左脚横跨一步，右脚后撤一步，屈膝将奉茶盘端起至胸前，之后将奉茶盘横向端起，再后撤一步，进行奉茶。若为男士，则左脚横跨一步，右脚随即跟随，向前侧身将奉茶盘端起至胸前，之后将奉茶盘横向端起，再后撤一步，进行奉茶。

（13）奉茶2：行走至宾客面前，先行礼，再将奉茶盘用左手臂稳稳托住。若为女士，则上前一小步，屈膝，右手将杯垫和品茗杯一同奉给宾客，右手行伸掌礼，微笑说"请用茶""请喝茶"或者"请品茶"。之后，后撤一步，90度转身，右手移动奉茶盘中两杯茶汤的位置，再奉给下一位宾客。若为男士，则上前一小步，微微向前侧身，剩余步骤与女士操作相同。

（14）收具：双手将盖碗移至茶盘中央的正前方，将公道杯取至盖碗右方，将赏茶荷收回放至盖碗左方，将茶道组收回至盖碗后方，将茶巾收回至茶道组后方，将水盂收回至茶盘左下方，将水壶收回至茶盘右下方。

（15）退场：双手五指并拢放于大腿上，行行礼；起身，右脚横跨一步，左脚后撤一步，行真礼，90度转身，退场。

（四）注意事项

着宽松茶人服，化淡妆，发型干净利落，不可染指甲，不可着无袖上装。

红茶冲泡

可以根据红茶的具体情况，调整温品茗杯的先后顺序，以便泡出一杯好喝的红茶。

三、乌龙茶茶艺

我国乌龙茶品类繁多，有闽北、闽南、广东和台湾四大产区。半发酵的乌龙茶香气迷人、滋味醇厚，多选用透气性和保温性比较好的紫砂壶来冲泡。我们以安溪铁观音为例，讲述用紫砂壶、闻香杯、品茗杯冲泡乌龙茶的方法，俗称"双杯泡法"。

（一）备器

乌龙茶茶艺备器见表7-3。

表7-3　乌龙茶茶艺备器

名称	数量	名称	数量	名称	数量
双层茶盘	一个	闻香杯	四个	赏茶荷	一个
紫砂壶	一个	紫砂杯垫	四个	水壶	一个
品茗杯	四个	茶道组	一组	茶巾	一块
奉茶盘	一个				

（二）备茶

乌龙茶的投茶量较大，一般而言，参照茶与水1∶20的比例，将要冲泡的适量茶叶放入赏茶荷中。茶叶量在实际操作中也可根据具体情况进行调整。

（三）冲泡流程

（1）行礼：行真礼—入座—行行礼。

（2）布具：

☞右手将水壶放置于茶桌右上方。

☞双手将紫砂杯垫拿取至胸前，翻正，放置于水壶后方。

☞双手将茶巾拿取至胸前，放置于紫砂杯垫后方。

☞双手（女士）或单手（男士）将茶道组放置于茶桌左上方。

☞双手将赏茶荷放置于茶道组后方。

 右手持壶把手，将紫砂壶移至双层茶盘右下方方便行茶的位置。

 右手单手将品茗杯依次翻至双层茶盘的左下方，四个品茗杯排列成正方形。

 右手单手将闻香杯从右到左依次翻正。

布具完毕，与观众目光交流，双手交握回到身体正前方。

（3）赏茶：双手或单手将赏茶荷取至胸前，双手分别托握于赏茶荷左右，按照从右至左的顺序向宾客展示赏茶荷中的茶叶，然后将赏茶荷放回原位。

（4）温紫砂壶：右手提水壶，左手拿起紫砂壶盖子逆时针方向注水，注水量为紫砂壶容量的2/3；之后，将紫砂壶的盖子盖好，水壶放回原位；右手用大拇指、中指分别握住壶把手的前后，食指将壶盖轻轻抵住（注意不能捂住壶盖上的气孔），左手由下至上轻轻托住紫砂壶，右手逆时针缓慢转一圈，温热紫砂壶；然后，将温紫砂壶中的热水按照逆时针方向依次注入四个品茗杯中。

（5）置茶：左手打开壶盖，将壶盖放在合适的位置；双手捧取赏茶荷至胸前，交与左手；右手拿取茶拨，将赏茶荷中的茶叶轻轻拨入紫砂壶中（注意不能将茶叶洒落在外）；双手回至胸前，右手持茶拨将其放回茶道组，再用双手将赏茶荷轻轻放回原位。

（6）温润泡：右手提水壶注水，根据茶叶的具体情况选择注水手法和注水方式，逆时针沿着紫砂壶壶沿注水，水量满过壶口。左手拿起紫砂壶盖子，按照画半圆的路线，用盖子刮去壶口的浮沫，之后，盖好盖子，右手将水壶放回原位。

（7）温闻香杯：右手持紫砂壶，将壶中醒茶的汤水按照从右到左的顺序依次注入闻香杯中，温热闻香杯。

（8）冲泡：右手提水壶至胸前，左手打开紫砂壶盖子，右手提水壶至紫砂壶上方，一般可以3点钟或9点钟方向为冲泡注水点，逆时针沿着壶沿注水、冲泡。之后，右手提水壶回到胸前，左手将紫砂壶盖子轻轻画半圆盖好。右手提水壶，放回原位。

（9）淋壶：双手同时由外向内拿起闻香杯，将闻香杯中的醒茶汤水淋向紫砂壶，以进一步提升壶温。

（10）温品茗杯：右手按照逆时针的方向先将品茗杯中的热水轻轻倒入另外一杯，再右手持杯，将品茗杯杯口朝左、杯底朝右，将杯子向自己的方向转动3～6下，温品茗杯。温到最后一个品茗杯时，右手拿起品茗杯，轻轻将杯中的热水倒向双层茶盘即可。

（11）出汤：右手拿起紫砂壶，在茶盘上刮沥一下壶底部，接着将壶在茶巾上沾一下，以干燥紫砂壶底部，防止出汤时壶底部的水滴入闻香杯中。按照从右到左的顺序，先注入第二个闻香杯中一些茶汤，再按照1—2—3—4—1—2—3—4的顺序，循环往复地依次将紫砂壶中的茶汤注入闻香杯中，此步骤雅称为"关公巡城"。壶中剩余的少许茶汤，依次轻轻注入闻香杯中，雅称为"韩信点兵"。出汤结束后，将紫砂壶轻轻放回原位。

（12）"扭转乾坤"：右手向右挪动第一杯，再将第三杯由内向外挪动至第四杯的左侧，此步骤的目的是方便后续的操作。右手依次将品茗杯盖在闻香杯上面，盖好之后，将奉茶盘拿取至茶桌左侧，右手食指、中指持闻香杯，大拇指压住品茗杯，取至胸前，然后用剪刀手的手势将闻香杯和品茗杯的位置翻转，此步骤雅称为"扭转乾坤"。注意，闻香杯中的茶汤不可溅出，翻转时眼神平视前方。翻转后，交与左手，右手将紫砂杯垫拿取至胸前，将品茗杯放置于杯垫右侧，然后将其放置于奉茶盘中。其余三杯也是同样的操作。如需示饮，那么最后一杯"扭转乾坤"之后，放置于双层茶盘上，双手将壶的位置由右下方调整至右上方。

（13）奉茶1：若为女士，则左脚横跨一步，右脚后撤一步，屈膝将奉茶盘端起至胸前，之后将奉茶盘横向端起，再后撤一步，进行奉茶。若为男士，则左脚横跨一步，右脚随即跟随，向前侧身将茶盘端起至胸前，之后将奉茶盘横向端起，再后撤一步，进行奉茶。

（14）奉茶2：行走至宾客面前，先行礼，再将奉茶盘用左手臂稳稳托住。若为女士，则上前一小步，屈膝，右手将杯垫和茶汤一同奉给宾客，右手行伸掌礼，微笑说"请用茶""请喝茶"或者"请品茶"。之后，后撤一步，90度转身，右手移动奉茶盘中三杯茶汤的位置，再奉给下一位宾客。若为男士，则上前一小步，微微向前侧身，剩余步骤与女士操作相同。

（15）示饮：左手大拇指、食指轻握品茗杯前后两侧，右手轻轻旋转闻香杯并取下，单手（或双手）将闻香杯取至鼻子下方，闻香。之后，将闻香杯放置于紫砂杯垫左边，右手大拇指、食指持品茗杯，中指托住杯底，以"三龙护鼎"的手法托举起品茗杯至胸前，先观汤色，再分三口细细品味茶汤的滋味。之后，再用右手持闻香杯，闻"冷香"。

（16）收具：茶艺师将自己品饮用的器皿（品茗杯、闻香杯都放置于紫砂杯垫上）挪移至双层茶盘正前方，将紫砂壶挪移至双层茶盘正中的位置，双手将赏茶荷取至双层茶盘左上方，将茶道组放置于赏茶荷后方，将茶巾放置于紫砂壶的后方，将水壶放置于双层茶盘右侧。

（17）退场：双手五指并拢放于大腿上，行行礼；起身，右脚横跨一步，左脚后撤一步，行真礼，90度转身，退场。

（四）注意事项

着宽松茶人服，化淡妆，发型干净利落，不可染指甲，不可着无袖上装。

乌龙茶双杯泡法

四、花茶茶艺

我国茶叶种类丰富多样，花茶是其中重要的一种，如茉莉花茶、白兰花茶、珠兰花茶、玳玳花茶等。在饮用花茶时，多以盖碗为主茶器。花茶冲泡水温以90℃左右为宜。我们以茉莉花茶为例，讲述茶盖碗泡法。

（一）备器

花茶茶艺备器见表7-4。

表7-4　花茶茶艺备器

名称	数量	名称	数量	名称	数量
盖碗	三个	赏茶荷	一个	茶道组	一组
水盂	一个	水壶	一个	茶巾	一块
茶盘	一个				

（二）备茶

参照茶与水1∶50的比例，将要冲泡的适量茶叶放入赏茶荷中。茶叶量在实际操作中也可根据具体情况进行调整。

（三）冲泡流程

（1）行礼：行真礼—入座—行行礼。

（2）布具：

☞右手将水壶放置于茶桌右上方。

☞双手将水盂捧起，放于水壶后方。

☞双手（女士）或单手（男士）将茶巾放置于水盂后方。

☞双手将茶道组拿起于胸前，交与左手，右手托举左手手臂，左手将茶道组放置于茶桌左上方。

☞双手将赏茶荷取至胸前，交与左手，右手托举左手手臂，左手将赏茶荷放置于茶道组后方。

☞茶盘内仅余三套盖碗，将之稍作调整，分散但仍作等边三角形摆放。分散摆放不但美观，而且揭开盖子搁靠在杯托一侧后，彼此不会磕碰。注意，盖碗的盖子是翻开的。

布具完毕，与观众目光交流，双手交握回到身体正前方。

（3）赏茶：双手或单手将赏茶荷取至胸前，双手分别托握于赏茶荷左右，按照从右至左的顺序展示赏茶荷中的茶叶，然后回到原位。

（4）温盖碗：右手提水壶，逆时针方向旋转注水于盖碗盖子上。之后，水壶画半圆放回原位。拿取茶道组中的茶针，右手持茶针向下轻压盖碗的盖子，左手同时将盖碗的盖子翻正。注意，翻盖碗盖子的顺序为前方正中的盖碗—左边的盖碗—右边的盖碗。三个盖碗的盖子依次翻好后，将茶针在茶巾上轻轻擦拭干净，放回茶道组中。

右手虎口分开，大拇指与中指搭在盖碗内外两侧碗身中间部位，食指屈伸抵住碗盖盖钮下凹处，拿起盖碗，左手托住碗底，双手手腕呈逆时针缓慢转一圈，令盖碗内各部位充分接触热水后将温盖碗的热水倒入水盂中。

（5）置茶：左手依次（与上一步骤顺序相同）打开盖碗的盖子，双手捧取赏茶荷至胸前，交与左手。右手拿取茶拨，将赏茶荷中的茶叶依次轻轻拨入盖碗中。双手回至胸前，右手将茶拨放回茶道组，再用双手将赏茶荷轻轻放回原位。

注意，置茶时，茶叶不能掉落在外。

（6）温润泡：右手提壶注水，根据茶叶的具体情况选择注水手法和注水方式，一般可以3点钟或9点钟方向为冲泡注水点，逆时针沿着盖碗的碗沿注水，水量刚刚没过茶叶即可。注好水之后，依次由左手盖上盖碗的盖子。

（7）摇香：右手拿取顶部盖碗进行摇香，摇香之后，左手托住盖碗，右手打开盖碗的盖子，与盖碗约呈30度夹角，按照赏茶的方法呈给宾客闻香。接着依次对左边和右边的盖碗进行摇香。

（8）冲泡：右手提壶至胸前，左手打开顶部盖碗的盖子。右手提壶至盖碗上方，一般可以3点钟或9点钟方向为冲泡注水点，逆时针沿着盖碗的碗沿注水、冲泡。之后，右手提水壶回到胸前，左手将盖子轻轻画半圆盖好。依次冲泡左边和右边的盖碗，然后右手提水壶放回原位。

（9）奉茶1：三杯盖碗茶冲泡好后（可以调整盖碗的位置，也可以不调整），先将整个茶盘双手端起至胸前，再起身，右脚横跨一步，左脚后撤一步，行走至宾客位置，进行奉茶。

（10）奉茶2：行走至宾客面前，先行礼，再将茶盘用左手臂稳稳托住。若为女士，则上前一小步，屈膝，将第一杯盖碗茶奉给宾客，右手行伸掌礼，微笑说"请用茶""请喝茶"或者"请品茶"。之后，后撤一步，90度转身，右手移动茶盘中两杯茶汤的位置，再奉给下一位宾客。若为男士，则上前一小步，微微向前侧身，剩余步骤与女士操作相同。

（11）收具：奉茶完毕，将不需之具收回，赏茶荷放置于茶盘左前方，茶道组放置于茶盘左后方，茶巾放置于茶盘中后方，水盂放置于茶盘右前方，水壶放置于茶盘右后方。

（12）退场：双手五指并拢放于大腿上，行行礼；起身，右脚横跨一步，左脚后撤一步，行真礼，90度转身，退场。

（四）注意事项

着宽松茶人服，化淡妆，发型干净利落，不可染指甲，不可着无袖上装。

茉莉花茶冲泡

五、茶的调饮

（一）调饮茶的形成和发展

当今，大多数人的饮茶方式都是以清饮为主。所谓清饮就是单一的茶汤。清饮法是在元代的时候出现的，到明清时期开始普及。据记载，元代时已经出现了用沸水冲泡末茶的"建汤"。明代陈师在《茶考》中也提到了明代南方地区用沸水冲泡末茶的饮用方式，"杭俗，烹茶用细茗置茶瓯，以沸汤点之，名为撮泡"。这种方法"北客多哂之，予亦不满"，说明这种清饮法在当时并不普及。清饮法是在明末清初才逐渐得到普及的。

调饮茶则是在单一的茶汤中加了一些佐（酌）料，如糖、牛奶等（见图7-1）。

图7-1　浙江旅游职业学院茶学子的调饮茶作品

从饮茶的历史来说，调饮法先于清饮法。古人以茶为药和羹的时候，就将茶叶与其他食物相佐而食。中国最早食用茶叶时就是广泛采用调饮的方式，有"烹""蒸""煮"等方法。三国时期，魏国的张揖《广雅》记载，"荆、巴间采叶作饼，叶老者，饼成，以米膏出之。欲煮茗饮，先炙，令赤色，捣末置瓷器中，以汤浇覆之，用葱、姜、橘子芼之"。"芼"，《礼记》注为"菜酿"，即"菜羹"。古人将葱、姜、橘子与茶共煮成羹的习惯，一直到茶成为饮料时还保留着。分析其原因，很重要的一点是人们在羹饮的过程中，发现加上一些食物佐料后，能抑制茶叶的苦味和涩味、改善口感，另外还有一个更重要的原因，是茶的药用价值的发现和应用。

唐代大医学家陈藏器在《本草拾遗》中写道："诸药为各病之药，茶为万病之药。"可见茶之药功显著。当时的人们借助茶来治疗疾病，是从中寻求更简便、实用的保健方法，辅其延年益寿之良方。李时珍在《本草纲目》中列出了多种以茶和中草药配合而成的药方：如茶和茱萸、葱、姜一块煎服，可以帮助消化，理气顺食；茶和醋一块煎服，可以治中暑和痢疾；茶和芎䓖（川芎）、葱一起煎服，可以治头痛。

乾隆皇帝一生爱茶，"三清茶"就是乾隆皇帝发明的茶饮，主要做法是将梅花、佛手、松实入茶，用雪水烹之。"三清茶"为乾隆皇帝一生最为喜爱的茶品之一。

茶的调饮在一定程度上与社会发展有关，是生活不断丰富化的体现。相比国外丰富的调饮茶实践以及调饮配方，当今中国的调饮茶处于重新起步阶段。随着调饮茶的创新发展，饮茶方式将会更加多元化。大健康时代，丰富多样的调饮茶产品受到了人们的欢迎。

（二）调饮茶的特点

总结来看，调饮茶主要有滋味丰富性、功能多样化、创新时尚性等特点。

1. 滋味丰富性

由于所用材料的多样性，调饮茶滋味更为丰富，适应了人们多元的需求。

2. 功能多样化

调饮茶蕴含更多养生功能。调饮茶中的食材兼有营养和保健功效，与茶叶产生互补。茶叶搭配特定的食材，能适应不同体质的人群，结合不同的时令特色，功能更加多样。

3. 创新时尚性

当今调饮茶在中国的发展，引进了多种跨界融合的技术手段和方法，不论是调饮茶产品的原材料，还是呈现的方式，都在与时俱进，不断创新发展，在一定程度上引领茶饮的时尚发展。

概括而言，不论清饮还是调饮，对茶的选择都应有更高的标准。清饮，是日常的茶饮，也是对高品质茶饮生活的追求；调饮，则能让人们体验茶的丰富性和多元性，享受有滋有味的茶生活。

调饮茶——柠檬红茶 🔍

调饮茶——观音雪韵 🔍

第三节　茶　道

一、茶道概述

我国是世界上最早发现和利用茶的国家。"茶道"一词，起源于我国，随着历史的演变不断积淀、发展，并广泛传播于全球。那么，"茶道"一词究竟有什么含义呢？我国传统文化博大精深，受老子"道可道，非常道；名可名，非常名"思想的影响，历来对"道"的诠释见仁见智，人们对"茶道"的理解和应用也各有差异。"茶道"一词从产生以来，历朝历代都没有一个准确的定义。

最早记载"茶道"一词的是唐代诗僧皎然，他在其《饮茶歌诮崔石使君》诗中写道：

越人遗我剡溪茗，采得金牙爨金鼎。

素瓷雪色缥沫香，何似诸仙琼蕊浆。

一饮涤昏寐，情来朗爽满天地。

再饮清我神，忽如飞雨洒轻尘。

三饮便得道，何须苦心破烦恼。

此物清高世莫知，世人饮酒多自欺。

愁看毕卓瓮间夜，笑向陶潜篱下时。

崔侯啜之意不已，狂歌一曲惊人耳。

孰知茶道全尔真，唯有丹丘得如此。

皎然是陆羽的忘年之交，他认为饮茶能清神、得道、全真，只有神仙丹丘能体会，并明确提出了"茶道"一词，认为饮茶有道。唐代封演的《封氏闻见记》云："有常伯熊者，又因鸿渐之论广润色之。于是茶道大行。"而唐代刘贞亮在《饮茶十德》中也明确提出："以茶可行道，以茶可雅志。"

无论是皎然还是封演，皆提出了"茶道"一词，也都认为饮茶不仅仅能满足口腹之欲，更能由口入心，触及人的内心世界，进而可以将饮茶作为一种修身养性之道。此后，随着我国利用茶的历史的不断演变，"茶道"在发展过程中也与佛、道、儒相互影响、相互融合，其内涵和外延更加丰富多样和博大精深。

从唐代至今"茶道"一词虽然已使用了上千年，但直到近代对茶道见仁见智的释义才逐渐多起来。

当代茶圣吴觉农先生认为，茶道是"把茶视为珍贵、高尚的饮料，饮茶是一种精神上的享受，是一种艺术，或是一种修身养性的手段"。我国茶学泰斗庄晚芳先生认为，茶道是通过饮茶的方式，对人们进行礼法教育、道德修养教育的一种仪式。他还将中国茶道的基本精神归纳为"廉、美、和、敬"，他解释道："廉俭育德、美真廉乐、和诚处世、敬爱为人。"

总而言之，茶道的内涵十分丰富，既有具体的，也有抽象的。我们可以将茶道理解为：以修行悟道为宗旨的饮茶艺术，是饮茶之道和饮茶修道的统一，包括茶艺、茶礼、茶境、修道四大要素。茶道是茶文化的核心，是具体的茶事实践过程，同时也是茶人自我完善、自我认识的过程。茶道究竟所修为何道？可为儒家之道、道教之道、禅宗及佛教之道，亦可为为人处世之道。在现代社会中，茶道可以引申为与自己、与他人、与社会、与自然和谐共处之道。

二、中国茶道的内容

中国茶道包括茶艺、茶礼、茶境、修道等内容。

茶艺包括备器、选水、取火、候汤、习茶等方面的技艺。

茶礼，是指茶事活动中的礼仪、法则。茶道要遵循一定的法则。如宋代为三点与三不点品茶。"三点"即新茶、甘泉、洁器为一，天气好为一，风流儒雅、气味相投的佳客为一；反之，是为"三不点"。明代为十三宜与七禁忌。"十三宜"为一无事、二佳客、三独坐、四咏诗、五挥翰、六徜徉、七睡起、八宿醒、九清供、十精舍、十一会心、十二鉴赏、十三文僮；"七禁忌"为一不如法、二恶具、三主客不韵、四冠裳苛礼、五荤肴杂味、六忙冗、七壁间案头多恶趣。

今天我们讲的茶礼还包括仪容仪表、动作、神态、礼节等。

茶境，是指茶事活动的场所、环境，要幽雅、清净，给人舒心愉悦的感觉。明代许次纾《茶疏》的"饮时"条对品茶环境进行了描述，宜"明窗净几、风日晴和、轻阴微雨、小桥画舫、茂林修竹、名泉怪石"等。明代黄龙德的《茶说》也描绘了一系列品茗的美好环境："若明窗净几，花喷柳舒，饮于春也；凉亭水阁，松风萝月，饮于夏也；金风玉露，蕉畔桐阴，饮于秋也；暖阁红垆，梅开雪积，饮于冬也。僧房道院，饮何清也；山林泉石，饮何幽也；焚香鼓琴，饮何雅也；试水斗茗，饮何雄也；梦回卷把，饮何美也……"

修道，是指通过茶事活动来陶冶情操、修身养性、悟道体道。中国茶道的自然之美、淡泊之美、简约之美、虚静之美、和谐之美，给人们藉由茶而悟道创造了意蕴无穷的空间。

三、茶艺与茶道的辩证关系

茶艺侧重于"艺"，即艺茶之术，是茶道的外在形式和物质基础，是有形的、可观的。它可分为表演型茶艺、服务型茶艺和生活型茶艺等类型。茶艺表演过程中无论是作为主角的茶，还是茶具、茶艺师表演技艺以及音乐等辅助工具的运用，无不为了使观赏者和品茶者的视觉、听觉、嗅觉、味觉活跃起来，进而产生一种审美享受。茶道是由茶艺升华的茶德、茶礼、茶理、茶情等精神产物，所侧重的是在技和艺的基础上使受众获得精神层面的提升。茶道为精神境界的追求和实现，是通过茶艺综合呈现的，是茶艺的灵魂。

如何修为茶道、如何领悟茶道，一定是借由某种现实的技艺而为之，这种技艺就是"茶艺"。借由技术、艺术来修习自身，从中体悟人生、世界、自我、他人、社会，并从中掌握如何处理与自我、与他人和与社会的关系，达到从物质到精神、从有界到无疆，进而升华到哲学层面，最终又回到实际的生活，应用于生活，融入于生活；借茶艺，由技悟道，由茶领悟世界万事万物。

中国茶道是中华民族最有代表性的文化符号，它最为真实地展现了中华民族的文化基因与特色。

参考资料

1. 朱自振，沈冬梅，增勤 . 中国古代茶书集成 [M] . 上海：上海文化出版社，2010：101，126，243 .

2. 沈佐民 . 试论中国的茶道 [J] . 茶业通报，2002（2）：44-45 .

3. 刘丽枫 . 略论中国茶道的内涵 [J] . 赤峰学院学报（汉文哲学社会科学版），2010，31（12）：88-89 .

4. 吴远之，徐学 . 文化符号学与中国传统文化——以中国茶道为例 [J] . 北京科技大学学报（社会科学版），2017，33（2）：65-69 .

5. 陈文华 . 中国茶道与美学 [J] . 农业考古，2008（5）：172-182 .

6. 董德贤 . 中国茶道的本质及茶文化的发展 [J] . 茶业通报，1996（2）：46-49 .

本章小结

内容提要

本章讲述了茶艺的发展，代表性茶艺呈现要领，中国茶道的发展、内容、特点；辨析了茶艺与茶道的关系。中国茶艺萌芽于晋代，形成于唐代，成熟于宋代，传承于明清。中国现代茶艺主要包括六大茶类的冲泡技艺、花茶茶艺等。清饮法明末清初开始普及，是现代主要的饮茶方式。调饮法历史悠久，中国最早食用茶叶时就广泛采用调饮。在多元化的时代，饮茶方式的多元化亦将成为必然。

中国茶道包括茶艺、茶礼、茶境、修道等内容。从形式上来讲，中国茶道可概括为雅俗共赏之趣、简约质朴之美；从内容上来讲，中国茶道是中国传统文化沉淀的结果。茶道是精神境界的追求和实现，是通过茶艺综合呈现的，是茶艺的灵魂。

核心概念

茶艺；清饮；调饮；茶道。

重点实务

主要茶类的茶艺实操。

复习题

1. 简述中国茶艺的发展史。

2. 掌握不同茶品冲泡的主要流程，能够冲泡出一杯好喝的茶。

讨论题

结合实际谈谈中国茶道的特点。

实训项目

以茶感恩，为老师或家长奉上一杯茶。

以茶会友
——茶事雅集

第八章

> 学习要求：通过学习，了解茶会的起源、古代茶会的发展，掌握现代茶会的主要类型及茶会策划的要领，为中小型茶会组织、管理、创新打好基础。

第一节 茶会概说

一、茶会概念及起源

（一）茶会概念

茶会，古代也称茶宴或茶集，是一种以茶、茶点招待宾客的聚会，后来逐步发展成为文人交朋会友、吟诗作赋、切磋技艺的一种文化雅集形式。现代茶会，是指一种基于古代文人雅集的风雅理念，以茶为载体，融入各种文化元素的集会。

（二）茶会起源

茶会的雏形可追溯到西晋时期围绕茶而展开的宴会，也称茶宴。茶宴肴馔以适合于茶为前提，主要由果实及其加工品、素食菜肴、谷物制品构成。朴实但精致的茶果搭配使得茶宴形成了迥异于酒宴的俭约的风格特征，正好符合当时以茶倡廉、以茶明志的文士理念，因而得到了广泛的发展。

（三）茶会与茶话会

"茶话会"是指备有茶点的集会。我们所指的"茶会"不同于"茶话会"。"茶话会"以社交性聚会为主要目的；"茶会"则是以文化传承、文化交流为主要目的，主要通过茶空间设计、茶品、茶席等元素传播茶文化。

二、古代茶会的发展

茶会最早起源于西晋时期，但是"茶会"这个正式名称出现于唐代。茶会得以快速发展，比较有代表性的时期是唐代、宋代、明代和清代。这几个时期的茶会可以反映中国古代茶会的发展情况。

（一）唐代茶会

唐代对茶会尚未进行统一称呼和规定，既称茶会，也称茶宴或茗宴。随着茶叶生产的发展和经济的进步，当时社会上以茶为礼、以茶馈赠盛极一时；而围绕茶的饮用还兴起了一些其他新的风尚，茶会便是其中最值得称道的一种。

1. 主要特点

唐代茶会盛行，从唐代流传下来的诸多文学作品中可以感受到其风雅之情。刘长卿的《惠福寺与陈留诸官茶会》、钱起的《过长孙宅与朗上人茶会》以及周贺《赠朱庆余校书》等诗作都有相关描述。

钱起的《过张成侍御宅》诗中"杯里紫茶香代酒"之句，描写了文人集会"以茶代酒"的情形，说明此时的茶会已经与酒会分离，形成了正式的集会形式。

2. 典型代表

唐代茶会主要类型有官方茶会、文人茶会以及寺院茶会等。其中官方茶会通常比较高端，场面气派，尤以宫廷茶会为甚。最为豪华的"清明宴"就是皇家的新茶品鉴会，宴请群臣，彰显国力强盛、皇恩浩荡（清明宴盛况见图8-1）。

清明宴是君王以新到的顾渚贡茶宴请群臣的盛宴。其仪规大体是由朝廷礼官主持，既有仪卫以壮声威，又有乐舞以娱宾客。席间，香茶佐以粽子、百花糕等各式点心，还出示精美的鎏金宫廷茶具。君王希望通过盛大的茶宴来展示大唐威震四方、富甲天下的气象，同时也显示出自己精行俭德、泽被群臣的风范。

图 8－1　清明宴图（徐乐乐）

鲍君徽是唐德宗时期的宫女，也是一位诗人，其作品《东亭茶宴》描写了宫女妃嫔在郊外亭中举行茶宴的情形：

　　　　　　　闲朝向晚出帘栊，茗宴东亭四望通。

　　　　　　　远眺城池山色里，俯聆弦管水声中。

　　　　　　　幽篁引沼新抽翠，芳槿低檐欲吐红。

　　　　　　　坐久此中无限兴，更怜团扇起清风。

　　除了上述茶会外，其他的官方茶会还有两种形式：一种是地方长官邀集社会贤达为沟通理解、增进友谊而设，如《五言月夜啜茶联句》中描述的是颜真卿在湖州任刺史期间，与皎然、陆士修等人的联谊茶会，他们以茶言志，既显清高又富有雅趣。另一种是欢送官场故旧、表示眷恋之意而设的茶宴。著名的宝塔诗《一至七言诗》就是白居易以太子宾客分司东都的名义赴洛阳时，元稹与王起等人相送所作。"洗尽古今人不倦，将知醉后岂堪夸"，以茶性比喻德行，留下了传唱千古的佳作。

　　唐代文人茶会盛行，吕温在《三月三日茶宴序》中记载了一次闲适的茶会："三月三日，上巳祓饮之日也。诸子议以茶酌而代焉。乃拨花砌，憩庭荫，清风逐人，日色留兴。卧指青蔼，坐攀香枝。闲莺近席而未飞，红蕊拂衣而不散。乃命酌香沫，浮素杯，殷凝琥珀之色。不令人醉，微觉清思，虽五云仙浆，无复加也。"好一派春和景明、茶香宜人的场景。

唐代寺院盛行饮茶，一方面是与当时制茶技术的提高、饮茶的普及有关，另一方面是因为以饮茶为中心的"茶会"为僧人提供了一个重要的交际场合。唐代文人茶宴的风尚进入寺院后，演变成"茶筵"。寺院茶筵以饮茶为主，在饮茶的同时还以相应的食品款待宾主。寺院茶筵在功能上强调沟通情感，有时也在"茶筵"场合参禅说法；参加者既有寺院僧侣，也有王公贵族和普通信众。

（二）宋代茶会

茶会发展至宋代，与之前相比有了很大变化，逐渐发展成熟，并且特色更加明显。

1. 主要特点

宋代茶会作为文人群体交际、休闲、创作的场合，人们将更多的注意力投向茶或所谓茶之道，通过品鉴茶之形、香、色、味，欣赏茶具的精美和点茶、分茶手法的精妙纯熟，并作诗加以描写和赞叹。文人们从茶中获取审美愉悦，也因之促使茶与文学发生更加密切的联系。其次是寺院茶会，流程、仪式规定更明确。

2. 典型代表

宋代茶会的典型代表为文人茶会和寺院茶会。

文人茶会。宋代文人茶会盛行。宋代文人皇帝宋徽宗擅长点茶、分茶技艺，曾在皇宫亲自主持茶会。他创作的《文会图》记录了当时的宫廷茶会。从画作中可以看到，茶会的环境幽静，绿柳翠树间环桌而坐的文士正进行着茶会。近看，桌上摆设的有茶具与茶果，没有菜肴，与插花、弹琴、焚香等艺术相结合，显示出了其高雅风韵。

寺院茶会。寺院茶会发展至宋代已有了专门的禅门清规"茶汤礼"，对于茶会的具体步骤都有明确规定，所谓"钟鸣鼎食，三代礼乐，备于斯矣"。此外，宋代的寺院茶会受世俗社会影响较大，极其重视身份、等级。因此，茶会还具有对僧人在寺院生活中身份、地位确认的功能。寺院借茶会暗示和强调寺院的生活秩序。

径山茶宴，是在宋代形成的典型的寺院茶会代表，原是径山寺接待贵客上宾时的一种大堂茶会，起源于唐代，盛行于宋代，是我国古代茶宴礼俗的存续，因诞生于浙江余杭径山寺而得名。径山茶宴，又名茶礼、茶会、茶汤、煎点等，其下名目很多，程式严谨规范。举办茶宴时众佛门弟子围坐在"茶堂"，按照茶宴顺序和佛门教仪，依次点茶、献茶、闻香、观色、尝味、叙谊。先由住持亲自冲点香茗——"佛茶"，以示敬意，称为"点茶"；然后由寺僧们依次将香茗奉献给来宾，名为"献茶"；赴宴者接过茶后先打开茶碗盖闻香，再举碗观赏茶汤色泽，尔后才启口，在赞叹声中品味。茶过三巡后，即开始评品茶香、茶色，并盛赞主人道德品行，最后才是论佛诵经、谈事叙谊。

作为中国禅门清规和茶会礼仪结合的典范，径山茶宴包括了张茶榜、击茶鼓、恭请入堂、上香礼佛、煎汤点茶、行盏分茶、说偈吃茶、谢茶退堂等 10 多道仪式程序，宾主或师徒之间用"参话头"的形式问答交谈、机锋说偈，是我国禅茶文化的经典样式。

（三）明代茶会

明代是制茶技术发展的重要时期。这一时期，散茶冲泡品饮方式的盛行，使得茶器随之改变，饮茶变得更为便捷，茶会活动在民间的开展也更为普遍。

1. 主要特点

明代文人寄情山水，饮茶、茶聚也趋于自然化，对饮茶时的自然环境要求颇高，旨在将茶与自身融于大自然中，并极力追求饮茶过程中自然美、环境美与茶饮美之间的和谐统一。在一些明代著作中，提及饮茶环境，出现最多的字眼是山、石、松、竹、泉、云等，超凡脱俗。除了要求在大自然中茶聚外，明代文人对同饮的茶人也有颇多讲究。

2. 典型代表

明代茶会最为典型的是文人茶会。

由于明代文人对饮茶、茶会的要求较高，使茶会活动形成了明代所特有的茶会风格，或称之为"文士茶会"。文徵明的《惠山茶会图》（见图 8-2）就是一幅典型反映明代文士茶会的画作。该图描绘的是明正德十三年（1518）清明时节，文徵明与好友蔡羽、汤珍、王守、王宠等一行人游览无锡惠山，在惠山泉边饮茶聚会赋诗的情景。画中文士们置身于青山绿水间，或三两交流，或倚栏凝思，身旁茶桌、茶具一应俱全，风炉煮着水，侍童备着茶，一派悠然自得的神情。这幅露天文士茶会图，形象地展示了当时茶会的风格与特点。

图 8－2　惠山茶会图（文徵明）

（四）清代茶会

清朝是中国最后一个封建王朝，清朝的宫廷宴饮每宴必用茶。除此之外，清王朝还推崇"茶在酒前""茶在酒上"的宫廷礼仪。

1. 主要特点

宫廷茶宴是清代茶宴的鼎盛时期，茶在清朝宫廷中有着非常重要的地位。

2. 典型代表

清代茶会比较典型的有三清茶宴和千叟宴。

三清茶宴。三清茶宴于每年正月初二至初十间择日举行，由乾隆皇帝钦点能作诗的大臣参加。茶宴的主要内容是饮茶作诗，每次举行前，宫内都会挑选宫廷时事作为主题，群臣们边品饮香茗边联句吟咏。史载，乾隆时期（1736—1796），仅重华宫所办的"三清茶宴"就多达 43 次。重华宫原是乾隆皇帝登基之前的住所，他既好饮茶又爱作诗，便首创在重华宫举行茶宴，旨在"示惠联情"。因茶宴自乾隆八年（1743）起便固定在重华宫举行，亦称"重华宫茶宴"。

千叟宴。千叟宴始于康熙时期盛于乾隆时期，是清宫中规模最大、与宴者最多的御宴。康熙皇帝为显示治国有方、太平盛世并表示对老人的关怀与尊敬，于康熙五十二年（1713）举办了第一次千叟宴，又在康熙六十一年（1722）举办了第二次千叟宴。乾隆皇帝也举办了两次千叟宴。虽然千叟宴并非专门的茶宴，但是饮茶也是其中一项重要的内容。开宴时首先要"就位进茶"，席间酒菜人人皆有，唯独"赐茶"只有王公大臣才能享用，茶在这个场合象征了荣耀和地位。

清代吴振棫《养吉斋丛录》卷十三记载重华宫举行茶宴的详细情况："列坐左厢，宴用果盒杯茗……初人数无定，大抵内直词臣居多。体裁亦古今并用，小序或有或无。后以时事命题，非长篇不能赅赡。自丙戌始定为七十二韵，二十八人分为八排，人得四名。每排冠以御制，又别有御制七律二章……题固预知，惟御制元韵，须要席前发下始知之。与宴仅十八人，寓'登瀛学士'之意。诗成先后进览，不待汇呈。颁赏珍物，叩首祇谢，亲捧而出。赐物以小荷囊为最重，谢时悬之衣襟，昭恩宠也。余人在外和诗，不入宴。"这里记载的茶宴有"果盒杯茗"，其中一个很重要的环节是要和皇上的御制诗，虽然题目是预先通知，但韵脚是临时告知，很考验参加者的文学功力和即兴创作水平。

随着时代的发展，茶会也在不断发展，折射出时代的变化与需求。作为一种社会文化产物，茶会具有鲜明的社会功能：文人借茶会抒发文思或表明心志，僧侣借茶会以示修行，平民百姓借茶会增进情谊。以茶为主体的茶会联系着人和事，发挥着其独有的社会交际功能，在推动社会发展和构建和谐社会方面有积极作用。

古代茶会概述 🔍

第二节　现代茶会的类型

近年来，以茶会、雅集、茶文化节等各种名目出现的茶事活动越来越多。可以说，以茶为载体的文化活动处在一个不断发展完善的阶段，其中茶会就是一种组织形式。

现代茶会是指一种基于古代文人雅集的风雅理念，以茶为载体，融入了多种文化元素的集会。同时，茶会也是文人交流信息、探讨学问的场所。现代茶会的发展也分为不同的类型，可以按照组织形式、组织目的和茶会规模进行分类。按照组织形式分类，可以分为茶席式茶会、曲水式茶会、礼仪式茶会、环列式茶会；按照茶会组织目的分类，可以分为主题茶会、斗茶会、奉茶会、禅茶会等；按照茶会规模分类，可分为大型茶会、中型茶会、小型茶会、精致型茶会。

一、按照组织形式分类

（一）茶席式茶会

茶席式茶会主要是在庭院或户外设置茶席（见图8-3）。此类茶会以席入会，一席一桌；由一位茶艺师招待、安排入桌的饮者，茶艺师不离席奉茶。茶席式茶会又分为品格席茶会和流水席茶会。

图8-3　茶席（杭州你我茶燕供图）

1.品格席茶会

品格席茶会使用方桌比较多，方桌比较方便布置茶席、奉茶和安排宾客，这样，茶会场面便形成了错落有致的格块状，茶人们在不同的方格里品茶，故以品格席茶会命名（见图8-4、图8-5）。

图 8 - 4　品格席茶会（浙江旅游职业学院供图）

图 8 - 5　品格席茶会（浙江旅游职业学院供图）

　　品格席茶会每席至少设一名茶艺师，宾客就座于茶艺师对面，入座后宾客基本不走动。

品格席茶会是一个主题茶会，一般都设舞台，主题内容就放在舞台上展现。若要有一段时间的表演，品格席茶会就会准备2～3种茶来招待客人，并配以不同的茶点，要保证每人都能完美地品尝到每一道茶。舞台上除了主人说明主题外，大都会安排一些与茶文化气氛相近的艺术表现形式和艺术内容，如古典器乐、经典戏曲、吟诗泼墨、主题茶艺等表演。

2.流水席茶会

流水席茶会的茶席是固定的，奉茶时茶艺师不离席，茶艺师本身就是茶席之美的构成；宾客是走动的，宾客在任何一个茶席前都可以品尝到茶艺师即时奉上的茶。宾客犹如一道流水绕行在各个茶席之间，故称之为流水席茶会（见图8-6）。

图8-6　流水席茶会（浙江旅游职业学院供图）

流水席茶会的举办有室外和室内两种类型，以室外的更为经典。室外的流水席茶会，一般选择在风景宜人的公园、广场、庭院等离市民的生活稍近一些的公共场所。地点的选择要符合以下两个因素：一是尽可能满足茶席设计对环境的要求，竹、树荫、远山、桥、廊等都可作为茶会环境元素；二是实现茶会能被大众关注和分享的目的，在交通较便利、人流较聚集的地方办茶会可保证参与者的人数。

室内也可以举办流水席茶会。比起室外的活动，室内流水席茶会有其优势和局限：第一，受到室内场地的限制，它的规模会小很多，茶席与自然界呼应的情感因素也会少一些；第二，它具有规定性的主题。

（二）曲水式茶会

曲水式茶会乃沿承古代"曲水流觞"的格局加以修改而成，受到唐代吕温的《三月三日茶宴序》一文之启发而将名称定为"曲水式茶会"。

曲水式茶会一般是在风景宜人的庭院、林园或山野，利用现有的水道或引进一条坡度不大的曲水举行。曲水长度60～100米，跨度1～5米。茶会选在水流速度不急、水面与岸边的高度差距不大的地方。水道上下游有相对宽阔的平坦空间便于备茶。与会人员可以自由选择落座两岸任意地方，也可由主办单位事先备好标示，抽签决定座位。

将与会人员分成5～6人一组或8～9人一组，每组依次序到上游泡茶，先将冲泡好的茶汤放于羽觞中再放在水面自行取茶品饮。与会人员可自带杯子，主办方也可集中准备。主办方也可安排一些助兴节目，邀请表演者或邀请与会人员表演（如挥毫、朗诵、吟诗、乐器演奏等）。

从羽觞中取茶，每次以一杯为度，还想再喝就等下一批到来。每一组的奉茶，应考虑让全体与会者都能喝到。如何节制地享用饮料和食品、处处为他人着想，是曲水式茶会的精神之所在。曲水式茶会是一种新颖的品茗形式，既有趣又风雅（见图8-7）。

图8-7　浙江旅游职业学院茶文化学子在杭州径山举办曲水式茶会

（三）礼仪式茶会

礼仪式茶会有较严谨的仪式，通常用来表达特定的意义，典型的代表有四序茶会和寺院茶会。下面介绍一下四序茶会。

四序茶会是用来表达四季运转自然规律与变化的茶会。它是由我国台湾地区的林易山先生于 1990 年创立的，用以推广茶道艺术与礼仪，是一种群体修行的茶会。在茶会的茶席上，表现大自然的韵律、秩序、生机，培养茶人敬天地、爱护大自然以及与大自然同在的决心。

四序茶会的会场内，挂有烘衬茶会主题精神的茶挂。茶席的布置为正四方形，茶桌和正中央的花香案铺以青、赤、白、黑、黄等五色桌巾，这象征着四序迁流、五行变易。青、赤、白、黑四个茶桌代表春、夏、秋、冬四个季节；正四方形茶桌后面设有 24 把座椅，象征着 24 个节气。

四序茶会设有司香、司茶等。四序茶会有着非常严谨的礼仪程序，茶会开始前司香、司茶于入口迎宾，随着缓缓的乐曲（演奏或播放乐曲），主人引茶友入席就座。司香入席，立于花香案前，行香礼，退席；司茶四人捧插花入席（四位司茶手捧的插花代表春、夏、秋、冬四季），就位，立于茶席后，行花礼，就座，沏茶；司茶奉第一道茶、第二道茶、第三道茶、第四道茶；司茶收回茶友茶杯、茶托；司香入席行香礼，退席；司茶入席行花礼，退席；司香、司茶列队恭送主人、茶友离席；乐止。人们在这样一个宁静、舒适的茶空间，通过茶艺、茶道、茶礼的熏陶，完全将自己融入大自然的韵律、秩序和生机之中，既品出了茶的真趣味，又彻底得到了放松。

（四）环列式茶会

环列式茶会是指大家围成一圈泡茶的茶会。环列式茶会的典型代表有无我茶会（见图 8 - 8）。

图 8 - 8　2017 年第 16 届国际无我茶会（杭州素业茶院供图）

无我茶会是由我国台湾地区的蔡荣章先生于1989年创办的一种大众饮茶形式。它的组织原则是爱茶人皆可报名参加，不论参加者的地位高低，不讲所用茶具的档次高低，不问所泡茶叶的优劣，人人泡茶，人人品茶，一味同心。

无我茶会组织的关键要素是围成一圈、人人泡茶、人人奉茶、人人喝茶；参加茶会者自备茶具、茶叶与泡茶用水，抽签决定座位，事先约定泡茶杯数、次数、奉茶方法，并排定茶会流程；参加茶会者依同一方向奉茶，席间止语。

无我茶会通过抽签决定座位，彰显无尊卑之心；通过依同一方向奉茶这种"无所为而为"的奉茶方式，提醒大家"放淡报偿之心"；通过自备茶叶和茶具，让大家接纳、欣赏各种茶，不要有好恶之心；通过努力把茶泡好，告诉大家要有精进之心。茶会无须指挥和司仪，提醒大家遵守公共约定；茶会席间不语，培养茶友们的默契，展现群体律动之美。

现代茶会概述

二、按组织目的分类

（一）主题茶会

主题茶会是围绕某个主题，由茶品、茶席、插花等构成的以文化传播为主要目的的茶会活动。

主题茶会，是围绕单个或一系列既定的主题举行的，向与会者提供茶艺展示、茶的品饮和文化交流活动。主题茶会十分注重内容和形式，往往通过一系列茶席设计作品来渲染现场气氛，并通过作品的动态演示使人们投入其中，通过参与、观察和联想融入所设定的文化氛围和艺术空间中，实现茶文化的交流和传播。

（二）斗茶会

历史上斗茶活动起源于唐代，在每年新茶进贡之前，名流大家对新茶进行斗新，上品作为贡茶，这是贡茶惯例。至宋代，斗茶活动十分盛行，并产生了许多与斗茶相关的热榜名词如茗战、茶百戏、水丹青、咬盏等。当时的宋人从文人雅士到普通百姓，对斗茶会的活动高度热衷，最大限度地赋予茶生命力，追求泡茶的技艺，提高茶汤的观赏价值，丰富社会娱乐活动，满足精神上的享受。

当代茶界斗茶的形式更加多样，有仿宋斗茶（见图8-9）、斗沏泡茶能力、

136

斗鉴别茶汤能力、斗茶品(见图8-10)、斗茶汤对茶样等。如每年举办的武林斗茶大会,自2011年至今,已经成为国际斗茶盛会。斗茶活动可促进茶人之间的交流,提升茶人对优质茶品的认识和茶叶品鉴的能力。

图8-9　中华茶奥会仿宋茗战赛项

图8-10　第三届中华茶奥会茶品赛现场

（三）奉茶会

奉茶会最典型的特征是茶艺师离席奉茶，是面向大众或特定人群的茶会。奉茶会分两种类型，一种是主题奉茶会，另一种是日常奉茶会。

主题奉茶会，如以敬老、敬师、感恩等为主题的奉茶活动，茶人因为某个活动主题而聚集到一起。参与泡茶的茶艺师和接受茶品的人员都是相对特定的人群，如浙江省茶叶学会数十年来每年都举办的敬老茶会，是非常有影响力的奉茶会。

日常奉茶会可以选择在宽敞的大厅、广场、校园等场所设立若干茶席，向市民奉上用心沏泡的茶汤，给人们的日常生活增添如茶汤般的温馨。日常奉茶会举办的场所一般比较宽敞，观众能从任何一个角度来观察茶席，因此，对茶席、茶艺也就有了特定的要求。首先，茶席要有美感，能让人关注到奉茶会之美，从而进入茶会的氛围；其次，茶艺技法要娴熟，让观众能欣然而踊跃地接受一杯完美的茶汤；再次，奉茶要恭敬，茶艺在某种程度上是一场礼法的教育，礼节在任何场合都是茶艺师极力去实践体现的。如由杭州市人民政府与中国茶叶学会、中国国际茶文化研究会等主办的全民饮茶日的奉茶活动，就是典型的日常奉茶会。

（四）禅茶会

禅茶会参与对象由法师、僧人、茶艺师、茶艺爱好者等构成，讲究主客之茶与禅的心灵互通，感悟平凡人生真谛，以弘扬茶文化、和谐圆满为主要内容。

禅茶会是与佛教密切相关的茶会活动，是将茶与禅密切联系起来的茶会。首先，茶会的举办者和部分参与者是寺院僧人；其次，茶会的举办地点在寺庙。例如，杭州灵隐寺举办的云林茶会就是典型的禅茶会。云林茶会实际也是唐代兴起的文人雅集茶会的延续和发展。

三、按茶会规模分类

按照现代茶会的规模分类，茶会大致可以分为大型茶会、中型茶会、小型茶会和精致型茶会。

（一）大型茶会

大型茶会的规模一般为 61 个席位及以上，茶会活动时间为半天至五天均可，除固定的茶会仪式以外，还可增加其他文化活动，如主办单位介绍举办地的风景名胜、组织观光考察，在茶会活动期间穿插茶产业、茶文化学术研讨及商业合作洽谈、文化交流、切磋茶艺及各种联谊活动。中国国际茶文化博览会、中华茶奥会、全民饮茶日暨万人品茶大会（见图 8-11）等都是大型茶会。

图 8-11　2017 年全民饮茶日暨第六届万人品茶大会

（二）中型茶会

中型茶会的规模一般为 31～60 个席位，茶会活动时间控制在半天至两天，主办方可在茶会结束后分小组组织与会者踏青、爬山等休闲娱乐活动；也可将茶会安排在傍晚，在游玩一天后借着月色喝上一杯茶也不失为风雅情趣，如无我茶会、曲水式茶会。

（三）小型茶会

小型茶会的规模一般为 16～30 个席位，茶会一般在四小时内完成。这种类型的茶会一般主题含义明确，为某一件事、某一个活动或是某一个团体举办。茶会参与者的类型也相近，一般是有相同兴趣爱好的人，或是有相似的社会背景的人，如沐春风无我茶会（见图 8-12）。

图 8-12　沐春风无我茶会（杭州你我茶燕供图）

（四）精致型茶会

精致型茶会的规模一般为 15 个席位及以内。茶会一般会在两小时左右完成。这类茶会并没有因为参加茶会的人数少、茶会进行的时间短而降低品质，反之，此类茶会的规格及精细程度往往更高。参加茶会的人群更加小众化，在相对短暂的茶会活动中，因为人数少，相互交流的时间和机会反而更多了。这种情况下，主办方有更加均衡的分配资源的能力，要求也会更高，如龙井品鉴会、湖畔茶会、工行客户茶会、茶园雅集（见图 8-13）、安缦法云茶会（见图 8-14）。

140

图 8 - 13　茶园雅集（杭州你我茶燕供图）

图 8 - 14　安缦法云茶会（杭州素业茶院供图）

第三节 茶会策划

因活动主题、参与者不同，中国现代茶会有着不同的内容和形式。在传承古代茶会模式的基础上，现代茶会的内涵有了更大程度的发展，其中，社交功能发挥着举足轻重的作用。无论是何种形式、何种内容的茶会活动，都需要精心策划、组织和管理，才能达到理想的效果。

小型茶会和精致型茶会是现代企事业团体举办最多的茶会活动。一般来说，参与茶会的人数较少、时间较短，但是茶会的策划和组织也需要一套完整的流程。下面主要介绍一下小型茶会活动策划和实施的流程。

一、确定活动目的和意义

确定活动目的和意义是茶会活动策划的首要步骤，也是活动策划工作的起点。确定活动目的和意义时首先要提出活动要解决的问题，也就是为什么要做这次活动；其次确定活动要达到的目标和程度。

例如：在九九重阳节举办一场"敬老茶会"。

活动目的：强化人们的敬老意识，营造尊老、敬老的社会氛围，宣传和动员社会各界关爱老年人。

活动意义：弘扬中华民族敬老、爱老、助老的传统美德，让老年人度过一个欢乐、祥和、健康、文明的节日，促进社会和谐。

只有明确了活动的目的和意义，整个活动才能有序进行。

二、活动策划

（一）设定主题，确定规模

明确了活动的目的和意义之后就需要提炼活动的主题，通过活动主题让参与者了解其是一个什么样的活动。

1. 设定主题

主题是活动的灵魂和核心，每场活动必须要有鲜明的主题，其他的活动内容都围绕主题展开。活动主题可以根据所针对的事件设定，也可以根据所针对的参与人群设定，如在九九重阳节举办一场"敬老茶会"，它的主题可以是"金秋茶韵——××××单位敬老茶会"。

2. 确定规模

活动规模可以根据活动针对的事件、人群来确定，也可以根据场地、财务预算以及其他各类因素对活动的限制来确定。活动规模的控制是为了确保活动的有序、有效进行。如在九九重阳节举办一场"敬老茶会"，活动规模可以是现场 7 桌茶席，约 35 人。

（二）活动项目策划

活动项目策划主要是依据活动主题设计相应的几款茶品，或者设计一些与茶文化氛围相近的艺术表现形式和艺术内容，如主题茶艺、古典器乐、经典戏曲、吟诗泼墨等表演。活动项目策划需要围绕主题，同时需要注意控制好时间与节奏等。

三、评估可操作性

评估可操作性是策划活动的关键步骤之一，要确认所做的策划是否符合主办方的实际情况、活动是否可行，具体包括政策分析、市场分析、最优方案选定、财务分析、风险预测、项目可行性分析等。因此，在活动主题、活动项目确定之前，需要对策划的活动主题、活动项目、活动规模、活动场地、活动预算等进行评估，根据评估情况确定活动主题和活动项目。

四、撰写策划书

活动主题、项目、场地等策划、评估完成之后，需要进行策划书的撰写。策划书是活动执行的依据，应包括对外宣传的活动方案和对内执行的活动方案。

对外宣传的活动方案主要为对外宣传推广所用，内容相对简单，主要包括活动名称、活动背景、活动目的与意义、活动简介、活动奖励等内容。

对内执行的活动方案，是为策划筹备组织管理所用，主要包括活动时间管理、活动流程、人员安排、物资物料准备协调、场地布置等内容。

活动策划时需要注意的还有突发事件的应对，所以在活动策划中需要考虑不同的应对方案，如室外的茶会遇到天气变化时应该如何应对等。

五、活动方案实施

活动方案实施过程是最重要的环节，按照前期做好的各项子方案进行。活动现场尤其需要注意人员管理、安全管理、物料管理等细节。其中人员管理包括嘉宾接待、工作人员管理、演艺人员管理等。整个活动中，安全是最重要的，要做好安全管理。

六、活动总结

活动总结是活动的最后环节，往往容易被忽视，但却是活动必不可少的一个环节。一般活动的总结可分为以下两方面。

（一）对客观的数据、资料的总结

活动概况：参与者的数量及质量、新闻报道情况、财务状况、各方反应等。

活动费用：做好财务结算，向有关部门汇报，感谢相关单位或个人等，做到善始善终。

（二）对主观的经验、教训、意见的总结

1.组织、管理情况

包括组织机构管理绩效、现场管理和控制、公众组织等情况。

2.策划、传播情况

包括策划的效果分析、活动宣传的效果分析。

3.意见、建议情况

包括主办方、合作方的意见、建议，参与者的意见、建议，公众的意见、建议。

茶文化实训——五月榴花开，茶香入满怀

参考资料

1. 陈文华. 我国古代的茶会茶宴 [J]. 农业考古, 2006 (5): 160 - 163, 171.

2. 周建刚. 唐宋寺院的茶筵、茶会和茶汤礼 [J]. 湖南城市学院学报, 2012, 33 (1): 31 - 35.

3. 朱红缨. 雅集茶会的沿革及现代性 [J]. 茶叶, 2014 (2): 104 - 108.

本章小结

内容提要

本章主要讲述了茶会的起源和古代茶会发展的几个时期,现代茶会可以按照组织形式、组织目的和茶会规模进行分类,小型茶会及精致型茶会策划的方法和流程。

核心概念

古代茶会;现代茶会;茶会策划。

重点实务

小型茶会的策划与实施。

复习题

1. 概述中国古代茶会发展的不同时期及每个时期茶会的特点。

2. 现代茶会的主要类型有哪些?

3. 茶会策划的主要流程有哪些?

讨论题

茶会活动实施管理中最重要的是什么?

实训项目

无我茶会实施。

茶与风俗
——茶俗大观

学习要求：通过学习，了解中国的地方茶俗和民族茶俗，掌握不同区域茶俗的精髓。

中华茶文化博大精深，茶文化与不同地域的特色、人文风情、生态环境结合，形成了多姿多彩的茶俗。

第一节　地方茶俗

一、北京大碗茶

大碗茶的饮茶风尚盛行于我国北方地区，北京的大碗茶更是具有代表性。大碗茶多用大壶冲泡或大桶装茶，用大碗畅饮，提神解渴，淳朴自然。这种喝茶方式比较粗犷、随意，不需要楼、堂、馆、所等专门场所，常以茶摊或茶亭的形式出现，摆设简便，一张桌子、几条木凳、若干只粗瓷大碗，主要为过往客人解渴小憩。大碗茶由于贴近生活、贴近百姓，是很接地气的饮茶习俗。即便是生活条件不断得到改善的今天，大碗茶仍然是一种重要的饮茶方式。

二、成都盖碗茶

"四川茶馆甲天下，成都茶馆甲四川。"成都的茶馆是成都人休闲生活的重要场所之一，现代气息与古朴的民风融汇在一起，成为独特的城市风景线。成都茶馆多位于闹市街头，茶铺、茶楼、茶坊林立，透着现代的繁华气息，而其古朴的装修风格却又带着雅致闲适。茶是成都人日常生活的重要组成部分，随时可见茶馆中悠闲的茶客。长嘴大茶壶、瓷盖碗，是成都茶馆中常见的茶具。"茶博士"长嘴壶冲茶的手法多样，如同精彩的杂技，令人叫绝。

三、广州早茶

早市茶，又称早茶，多见于中国大中城市，其中历史最久、影响最深的是广州，无论在清晨上工前，还是在工余后，或是朋友聚会，人们都喜欢去茶楼，泡上一壶茶，配上点心，悠闲享用。广州人品茶有早、中、晚三次，以早茶最为讲究，饮早茶的风气也最盛行。由于饮早茶是喝茶佐以点心，因此，当地称饮早茶为"吃早茶"。吃早茶是茶加点心的另一种清饮艺术：人们可以根据需要，当场点茶，品味传统香茗；可以根据自己的口味，搭配精美点心，让早茶更有风味。

四、潮汕啜乌龙

在闽南及粤东的潮州、汕头一带，人们喜欢用小杯细啜乌龙。啜茶用的小杯，称之若琛瓯。啜乌龙所用的配套茶具，如风炉、烧水壶、茶壶、茶杯，被称为"烹茶四宝"。泡茶用水应选择甘冽的山泉水，用沸水现冲。经温壶、置茶、冲泡、斟茶入杯，便可品饮。啜茶的方式是先要举杯将茶汤送至鼻端闻香，然后茶汤入口，回旋品味。这种饮茶方式，其目的并不在于解渴，主要在于品鉴乌龙茶的香气和滋味，享受茶汤带来的愉悦。

第二节　民族茶俗

一、客家擂茶

客家擂茶是客家人传统的茶俗。客家人热情好客，以擂茶待客更是传统的礼节，无论是婚嫁喜庆还是亲朋好友来访，都会请喝擂茶。

擂茶，是将茶和一些配料放进擂钵里擂碎，冲沸水而成。擂茶的配料多种多样，可以根据季节或荤素添加不同的佐料。春夏湿热，常用新鲜艾叶、薄荷叶；秋天风燥，多选金盏菊或白菊花、金银花；冬天寒冷，用桂皮、肉桂子、川芎等。这种饮用方法可能源于药饮。

制作擂茶有一套称为"擂茶三宝"的工具（见图9-1）：一是内壁有粗密沟纹的陶制擂钵；二是用上等山楂木或油茶树干加工制成的擂棍；三是用竹篾制成的捞滤碎渣的"捞子"。制作擂茶，用适量茶叶、芝麻、甘草等置入擂钵，手握擂棍，沿钵内壁顺沟纹走向有规律地旋磨，间或向钵中间擂击（见图9-2），将茶叶等研成碎泥，用捞子滤出渣，钵内留下的糊状食物叫"茶泥"，也称"擂茶脚子"。将茶泥调制均匀后放在碗里，冲入沸水，适当搅拌，再佐以炒米、花生米、豆瓣、米果、烫皮等，就是一缸集香、甜、苦、辣于一体的擂茶了。品尝擂茶时，茶桌上常常荡溢出诱人的清香。

擂茶

图9-1　客家擂茶制作工具（杭州素业茶院供图）

图9-2　客家擂茶制作（杭州素业茶院供图）

二、傣族竹筒茶

云南西双版纳的傣族人喜欢饮竹筒茶。竹筒茶是将青毛茶放入特制的竹筒内，在火塘中边烤边捣压，直到竹筒内的茶叶装满并烤干，剖开竹筒，取出茶叶，用开水冲泡饮用。竹筒茶既有浓郁的茶香，又有清新的竹香。

三、维吾尔族茶俗

到维吾尔族人家中做客，一般由女主人用托盘向客人敬第一碗茶。从第二碗茶开始，则由男主人敬。斟茶时要缓缓倒入茶碗内，茶不能满碗。客人如果不想再喝，可用手将碗口捂一下，这是向主人示意已经喝好。喝完茶后，还要由主人作"都瓦"（祈祷与祝福）。

维吾尔族人分别居于新疆天山南北，饮茶习俗也因地域不同而有差别。北疆人常喝奶茶，一般每天"二茶一饭"。喝奶茶时，常用传统面食"馕"佐食。北疆伊犁地区的妇女，还有在喝完奶茶的液体后再将沉于壶底的茶渣和奶皮一起放在口中嚼食的习惯。南疆人则常喝清茶或香茶。维吾尔族人的饮茶方式多为煎茶或煮茶法。煮茶用具，北疆人大多使用铝锅，南疆人多用铜质或陶瓷、搪瓷的长颈茶壶。维吾尔族人喝茶时一般都用茶碗，通常用小碗喝清茶或香茶，用大碗喝奶茶或奶皮茶。还有一种方法是用食用油将面炒熟后，加入刚煮好的茶水和少量盐，称为"炒面茶"。

四、藏族酥油茶

藏族人饮用的茶，有清茶、奶茶、酥油茶等，种类很多，喝得最普遍的是酥油茶。酥油是一种乳制品，是将牛奶或羊奶煮沸，冷却后凝结在溶液表面的一层脂肪。制作酥油茶的茶叶，大多用紧压茶类中的普洱茶、金尖等。

酥油茶的制作方法：先用锅将水煮沸，再把捣碎的紧压茶放入沸水中煮半小时左右，然后将滤去茶叶的茶汤装入打茶筒内。同时制作酥油，用一口锅煮牛奶，一直煮到表面凝结出一层酥油时，将其倒入盛有茶汤的打茶筒，再加入适量的盐和糖。然后盖住打茶筒，用手把住直立茶筒并用长棒不断抽打，使茶、酥油、盐、糖等材料充分融合，成为色香味俱全的酥油茶。

五、德昂族的酸茶和腌茶

酸茶和腌茶是德昂族传统制茶技艺的代表。酸茶是将采回的新鲜茶叶用新鲜的芭蕉叶包裹好，放入土坑内埋七天左右，然后取出在阳光下揉搓，晒两天，待茶叶稍干时又将其包裹放回深坑内三天，取出晒干便可泡饮。

腌茶是德昂族的特色佳肴，制作方法是将采回的鲜嫩茶叶洗净，用盐巴、辣椒拌和后放入陶缸内压紧盖严，存放几个月后成为"腌茶"。腌茶可以当菜食用，也可用作零食。

六、白族的三道茶

三道茶是白族待客交友的一种礼仪，以独特的"头苦、二甜、三回味"而别具特色。"三道茶"第一道为"苦茶"，第二道为"甜茶"，第三道为"回味茶"。第一道"苦茶"的制作，需要将茶叶放入烤热的小砂罐中，使茶叶受热均匀，茶香溢出，然后加入烧沸的开水。第二道"甜茶"，茶盅中放入红糖、乳扇、桂皮等材料，香甜可口。第三道"回味茶"，茶盅中放的原料换成蜂蜜、炒米花、花椒、核桃仁等，茶汤滋味丰富，甜、酸、苦、辣俱全，让人回味无穷。"三道茶"寓意人生"一苦，二甜，三回味"的哲理，成为白族人民婚庆、节日、待客的茶礼。

参考资料

1. 丁菊英，蚌小云. 德昂族茶俗文化中的传统生态意识［J］. 楚雄师范学院学报，2012，27（1）：51-155.
2. 徐明. 茶与茶文化［M］. 北京：中国物资出版社，2009：131-139.

本章小结

内容提要

本章主要讲述了地方茶俗、民族茶俗，地方茶俗主要介绍了不同地区盛行的茶俗，民族茶俗主要介绍了不同民族典型的饮茶方式。

核心概念

地方茶俗；民族茶俗。

重点实务

擂茶实践。

复习题

1. 北京大碗茶产生的背景和风俗是什么？
2. 简单介绍几个民族的茶俗。

讨论题

不同茶俗形成的原因分析。

第十章 异域茶情
——世界茶文化

学习要求：通过学习，熟悉中国茶传播的途径和路线，了解中国茶传播的区域，掌握茶向亚洲、欧洲等地传播的进程，了解中国茶向世界传播对世界茶文化发展的贡献；了解世界主要茶区；了解不同国家的茶文化，掌握其特色并分析形成原因。

第一节 中国茶的国外传播

中国茶传播到国外，已有两千多年的历史。中国茶和茶文化通过不同途径和方式走出国门，传播到世界上其他国家，为世界性饮茶风尚的形成作出了重要贡献。

中国茶对外传播的途径主要有以下几种方式：一是来华的僧侣和使臣将茶叶带到其他国家和地区，使中国的茶叶生产技术和饮用方式得以向国外传播；二是中国派出的使节将茶叶作为礼品馈赠给其他国家的人士；三是通过贸易往来的途径，茶叶作为外贸商品输出到其他国家；四是中国茶人应邀以专家身份去国外指导茶叶生产，传播茶文化。

一、中国茶向亚洲传播

（一）茶传入朝鲜半岛

早期茶的传播者主要是僧侣，茶传入朝鲜半岛大约在公元 4 世纪以后。在公元 6 世纪和 7 世纪，为求佛法来到中国的新罗僧人中，载入《高僧传》的就有近 30 人，他们中的大部分人在中国经过 10 年左右的专心修学，然后回国传播佛教。在中国期间，他们接触到饮茶，并在回国时将茶和茶籽带回新罗。

《三国史记·新罗本纪》（第十卷）兴德王三年（828）十二月条记载："冬十二月，遣使入唐朝贡，文宗召对于麟德殿，宴赐有差。入唐回使大廉持茶种来，王使植地理（亦称智异）山。茶自善德王有之，至于此盛焉。"新罗使者大廉，姓金，从中国得到茶籽，回国后种植于智异山上。（最早试种茶树的智异山华严寺见图 10-1。）遣唐使成为中国茶传播过程中重要的使者。公元 9 世纪初的兴德王时期，饮茶风气主要在上层社会和僧侣、文士之间传播，民间还不太流行。

韩国最早试种茶树的智异山华严寺
Korean temple where tea was planted first

图 10-1　智异山华严寺（摄于中国茶叶博物馆）

高丽时期从918年王建立国至恭让王四年（1392），这个时期的中国处于饮茶风俗普及时期，是点茶道形成和流行时期，茶文学和茶文化日益繁荣。受中国茶文化发展的影响，这一时期是高丽王朝茶文化和陶瓷文化的兴盛时代，茶道、茶礼形成，茶礼在王室成员、官员、僧人、百姓中普及。

（二）茶传入日本

中国的茶传入日本，与佛教的传播密切相关。从唐代至元代，很多日本的僧人和使节来到中国，在浙江等地的佛教圣地修行求学。他们回国时，不仅带去了茶的种植知识、饮用方式，还带去了中国传统的茶道精神，并使其在日本发扬光大，形成了具有日本民族特色的艺术表现形式和精神内涵。

公元804年，日本僧人最澄奉诏随遣唐使入唐求佛法，学成归国时，他带回了茶籽，种在了日吉神社旁边，这里成为日本最古老的茶园（见图10-2）。至今在京都比叡山东麓还立有"日吉茶园之碑"，周围仍生长着一些茶树。

图10-2　日本最古之茶园

与最澄同船从中国回国的弘法大师空海，在呈给嵯峨天皇的《空海奉献表》中有"茶汤坐来"等字样，他也从中国带去了茶籽种植茶树。

南宋时期，日本僧人荣西两次来中国，到天台山、四明山等地学习佛法，造诣颇深，被宋孝宗赐予"千光法师"的称号。他把茶籽带回日本，种植于福冈县西南，并著有《吃茶养生记》，大力提倡吃茶养生之道，日本饮茶风气渐盛。荣西禅师被后人称为"日本茶祖"，《吃茶养生记》也成为日本第一部茶著作。

16世纪后期，茶道大师千利休传承了历代茶道精神，创立了日本正宗茶道。

二、中国茶向其他洲传播

（一）茶入东欧

大约6世纪时，中国茶叶最早传入俄罗斯，由回族人运销至中亚地区。到了明代，中国茶叶开始大量进入俄罗斯。

明万历年间（1573—1620），朝廷遣使携带茶叶抵达莫斯科赠送给沙皇，这是中国使者携茶至俄罗斯的最早记载。明朝末年，中国茶叶开始通过西北境外各部族辗转输入俄罗斯。雍正六年（1728）中俄签订的《恰克图条约》进一步为两国的茶叶陆路贸易提供了契机。

1883年后，俄国多次引进中国茶籽，试图进行茶树的栽培。1888年，俄罗斯人波波夫聘请了以刘峻周为首的茶叶技工10名，同时购买了不少茶籽和茶苗，在高加索、巴统种植茶树，并建立了茶叶加工厂。直到1924年，刘峻周在俄罗斯工作了30余年，对俄罗斯茶叶生产的发展作出了很大贡献。

（二）茶入西欧

中国茶向欧洲传播主要是通过贸易和传教士进行的。15世纪初，葡萄牙商船来中国进行通商贸易，中国对西方的茶叶贸易开始出现。16世纪，欧洲天主教传教士葡萄牙神父克鲁士从中国返回欧洲后，向国人介绍中国茶的饮用可以治病。意大利传教士利玛窦、法国传教士特莱康等也相继学得中国的饮茶习俗，向欧洲广为传播。荷兰是欧洲最早饮茶的国家之一，荷兰人约在公元1610年将茶叶带至西欧，并称茶叶为治百病的药"百草"。

欧洲人对茶表现出了浓厚的兴趣，但在17、18世纪早期，茶叶一直作为一种奢侈饮品流行于贵族之中，还没有真正成为日常饮品。

茶传入英国源于 17 世纪中叶。1644 年，英国东印度公司在福建厦门设立代办处，专门收购福建武夷茶，运至印度尼西亚爪哇销售。1669 年，英国人首次从爪哇装运两箱茶输入英国本土。

18 世纪，茶成为英国社会最流行的饮料。这个时期英国输入的茶叶全部来自中国，这些茶叶除了为英国人消费外还有相当一部分被转销至其殖民地。从茶叶输入种类上看，以 18 世纪 30 年代中期为界分为两个阶段：第一个阶段以绿茶输入为主；第二个阶段以红茶输入为主，销售对象以英国广大民众为主。

第二节　世界主要茶区

茶是世界上重要的饮品之一，历史悠久。全世界有 50 多个国家和地区产茶，主要集中在亚洲、非洲和拉丁美洲，大洋洲和欧洲较少。根据茶叶生产分布和气候等条件，世界茶区可分为东亚产区、南亚产区、东南亚产区、西亚产区、东非产区、南美产区、欧洲产区等。

一、亚洲产区

从全球范围来看，亚洲的茶产区最多，主要的产茶国家有中国、印度、斯里兰卡、孟加拉国、印度尼西亚、日本、土耳其、伊朗、马来西亚、越南、老挝、柬埔寨、泰国、缅甸、巴基斯坦、尼泊尔、菲律宾、韩国等，又可以将其分为东亚产区、南亚产区、东南亚产区和西亚产区。

（一）东亚产区

东亚产区主要产茶国有中国、日本和韩国。中国是茶叶的发源地，生产的茶叶种类有红茶、绿茶、白茶、黄茶、青茶和黑茶六大类。日本茶区主要分布在九州、四国和本州东南部，包括静冈、埼玉、宫崎、鹿儿岛、京都、三重、茨城、奈良、高知等县（府），其中静冈县产量最高，以生产绿茶为主。韩国最大的产茶地位于全罗南道宝城郡，以生产绿茶为主。

（二）南亚产区

南亚产区主要产茶国有印度、斯里兰卡和孟加拉国。

印度的主要茶叶产区有大吉岭、阿萨姆、尼尔吉里、坎格拉、慕纳尔等。印度茶叶的种类以红茶为主，饮用方式有纯茶和加奶两种。

斯里兰卡地处印度半岛东南，是一个热带岛国。全岛地势以中部偏南为最高，茶园多集中在中部山区，主要的茶叶生产区有康提、汀布拉、乌瓦、努沃勒埃利耶、卢哈那。斯里兰卡以生产红茶为主。斯里兰卡红茶以香高味浓而闻名，最具有知名度的是乌瓦茶。不同产区的茶叶按照生长环境的海拔高度，又可分为高地茶、中地茶和低地茶三个类型。高地茶是指海拔 1 200 米以上的高山茶区，中地茶是指海拔 600 ～ 1 200 米的山地茶区，低地茶是指海拔 600 米以下的低山丘陵茶区。

孟加拉国位于恒河下游，茶区主要在锡尔赫特、吉大港等地。孟加拉国主要生产红茶，另外还有少量绿茶。

（三）东南亚产区

东南亚产区产主要产茶国有印度尼西亚、越南、缅甸、马来西亚等，所产茶叶占世界总产量的 8.4% 左右。

（四）西亚产区

西亚产区主要产茶国有格鲁吉亚、阿塞拜疆、土耳其、伊朗等。

二、非洲产区

非洲的茶产区主要集中在东非，少数在中非、南非。非洲主要的产茶国有肯尼亚、马拉维、乌干达、坦桑尼亚、莫桑比克、卢旺达、喀麦隆等。

三、南美产区

美洲茶产区主要集中在南美洲，20 世纪初开始有茶树栽培。南美产茶国有阿根廷、巴西、秘鲁、厄瓜多尔、哥伦比亚等。

四、欧洲产区

欧洲的主要产茶国有俄罗斯、葡萄牙等。

第三节　俄罗斯茶文化

茶是俄罗斯最受欢迎的家庭饮料，在长期的饮茶历史中，形成了独具俄罗斯民族特色的茶文化。

一、俄罗斯茶文化的源流

俄罗斯的茶文化与中国有着直接的渊源。中国茶叶最早传入俄罗斯，据传是在公元 6 世纪，由回族人运销至中亚细亚。历史上有确切记载的关于茶叶进入俄罗斯的时间是在 1638—1640 年，经过蒙古地区传到俄罗斯。

1675 年受沙皇派遣来到中国的俄籍希腊人尼古拉·加甫里洛维奇·米列斯库，在他的出使报告中有关于中国茶叶的详细记载。他赞许道："这不是树，又不是草，它生长着许多细细的枝条，花略带黄色。夏天先开花，香味不大，花落之后，长出绿色的小豆，而后变成黑色。那些叶子长时间保存在干燥的地方，当再放到沸水中时，那些叶子重又呈现绿色，依然舒展开来，充满了浓郁的芬芳。当你习惯时，你会感到它更芬芳了。中国人很赞赏这种饮料。茶叶常常能起到药物的作用，因此不论白天或者晚上他们都喝，并且用来款待自己的客人。"

康熙十八年（1679），中俄两国签订了关于俄罗斯从中国长期进口茶叶的协定。但是，从中国进口茶叶，路途遥远，运输困难，数量也有限。因此，茶在 17、18 世纪的俄罗斯成了典型的"城市奢侈饮品"，其饮用者的范围局限在上层社会，喝茶一度成了身份和财富的象征。直到 18 世纪末，茶叶市场才由莫斯科扩大到少数外省地区，如当时的马卡里耶夫（今下诺夫哥罗德地区）。到 19 世纪初，饮茶之风在俄罗斯各阶层开始盛行。

二、俄罗斯人的饮茶习惯

俄罗斯人传统的茶饮方式是喝红茶，喝茶的时候会加入糖或者蜜、柠檬片、牛奶等。西伯利亚的游牧民族图瓦人、哈卡斯人和阿尔泰人则习惯用奶和盐来调制茶。当今，喜欢饮用绿茶、乌龙茶的俄罗斯人多了起来。俄罗斯人喝茶，常常佐以蛋糕、烤饼、馅饼、甜面包、饼干、糖块、果酱、蜂蜜等茶点。饮茶是俄罗斯人的一种交际方式。

三、俄罗斯茶器

（一）俄罗斯茶炊

茶炊是俄罗斯茶饮生活中传统的器具之一。很多俄罗斯人家中都有两个茶炊，一个日常使用，另一个在节日等重要场合使用。

茶炊是 18 世纪逐渐盛行的。当时有两种不同用途的茶炊：茶壶型茶炊和炉灶型茶炊。茶壶型茶炊主要是用来煮茶的，茶炊中部有一个竖放的空心直筒，里面盛有热木炭，茶水环绕在直筒周围。炉灶型茶炊不但有竖放的空心直筒，主体还被隔成几个小的部分，可以同时烧水和煮茶。

俄罗斯作家和艺术家的作品里也多有对俄罗斯茶炊的描述，如普希金的《叶甫盖尼·奥涅金》中有这样的诗句：

天色转黑，晚茶的茶炊，

闪闪发亮，在桌上咝咝响，

它烫着瓷壶里的茶水；

薄薄的水雾在四周荡漾。

这时已经从奥尔加的手下，

斟出了一杯又一杯的香茶，

浓酽的茶叶在不停地流淌。

…………

诗人笔下的茶饮场景很有画面感和意境美，而茶炊体现了俄罗斯茶文化特有的氛围。

随着社会的发展，传统茶炊逐渐被新式的电茶炊取代。电茶炊的中心部分没有盛木炭的直筒也没有其他隔片，茶炊的主要用途便是烧开水。传统茶炊大多数时候只起工艺装饰品的作用；而在重要的节日，人们会将传统的茶炊摆上餐桌，大家围坐在茶炊旁饮茶叙谈，其乐融融。

（二）俄罗斯其他茶器

俄罗斯人饮茶非常讲究，茶具精致。茶碟是俄罗斯人常用的传统茶具之一，茶碟的设计别致、制作精美。人们常常先将茶汤倒入茶碟再品饮。现在随着人们对绿茶、乌龙茶的喜爱，陶瓷、紫砂茶具等方面的需求也被带动了起来。俄罗斯家庭中使用茶壶比较多，人们通常会用瓷茶壶泡茶，茶叶量根据喝茶人数而定，茶被泡 3～5 分钟之后，给每人杯中倒入适量泡好的浓茶，再加一些开水，调到适当的浓度。

第四节　英国茶文化

茶是英国人普遍喜爱的饮料，大多数英国人每天都饮茶，其消费量约占各种饮料总消费量的一半。英国本土不产茶，全靠进口，因此，其茶进口量居世界前列。

一、英国饮茶历史

英国人饮茶，始于 17 世纪。1662 年，葡萄牙凯瑟琳公主嫁与英国国王查尔斯二世，她将饮茶风尚带入皇室。凯瑟琳公主视茶为健美饮料，嗜茶、崇茶，被称为"饮茶皇后"。饮茶之风在皇室盛行，继而又扩展到王公贵族和富豪世家，乃至普通百姓。

英国诗人埃德蒙·沃勒在凯瑟琳公主结婚一周年之际，特地写了一首关于茶的赞美诗——《论茶》(又称为《饮茶皇后之歌》)。诗中写道：

花神宠秋月，嫦娥矜月桂；

月桂与秋色，难与茶比美。

英国人好饮红茶，特别崇尚汤浓味醇的牛奶红茶和柠檬红茶，伴随而来的是反映西方色彩的茶娘、茶座、茶会以及饮茶舞会等。小小茶叶清香扑鼻，轻而易举地博得了英国人的喜爱。

二、英国下午茶

(一)英国下午茶的渊源

19 世纪 40 年代，英国贝德芙公爵夫人安娜女士，每到下午时刻就意兴阑珊，而此时距离穿着正式、礼节繁复的晚宴还有一段时间，她就请女仆准备几片烤面包、奶油以及茶。

安娜女士邀请知心好友，伴随着茶与精致的点心，共同享受悠闲的午后时光，引领了当时贵族社交圈的时尚，名媛仕女纷纷效仿。如今，俨然形成了一种优雅自在的下午茶文化，也成了正统的"英国红茶文化"。这也是英国下午茶的由来。最初只是在家中用高级、优雅的茶具来享用茶，后来渐渐地演变成招待友人欢聚的社交茶会并衍生出各种礼节。在英国下午茶传统里，要以家中最好的房间、最好的瓷器接待来宾。下午茶的主角是上等的茶品、精致的点心，还要有悠扬的古典音乐，与知心好友共度一个优雅的午后。

喝下午茶在当时还有一个重要的功能是让上流社会的人联络感情、交换信息。因为茶的稀少，茶叶被存放在上了锁的茶柜里，下午茶时间一到，女仆会向主人取钥匙开茶柜。

现在下午茶形式已经简化了，但是正确的泡茶方式、优雅考究的喝茶摆设、丰盛的茶点被视为英国下午茶的传统而流传下来。

(二)下午茶——英式典雅生活方式的一种象征

英国人每天一丝不苟地重复着"茶来茶去"的作息规律，并乐此不疲。此外，英国还有名目繁多的茶宴、花园茶会以及周末郊游的野餐茶会。

> 如果你发冷，茶会使你温暖；如果你发热，茶会使你凉快。如果你抑郁，茶会使你欢快；如果你激动，茶会使你平静。
>
> ——19世纪的英国首相威廉·格拉德斯

162

英国下午茶的典雅体现在以下几方面：

（1）优雅舒适的环境。

请客的主人都会以家中最好的场所招待客人，如家中的客厅或花园。当宾客围坐于大圆台前面时，主人就吩咐侍女捧来放有茶叶的宝箱在众人面前开启，以示茶叶之珍贵。

（2）丰盛的点心。

女主人会提前准备好亲自制作的丰盛的冷热点心。其中三层架的点心摆放顺序为：第一层放置咸味的各式三明治，如火腿、芝士等口味；第二层和第三层则摆放甜点。一般而言，第二层多放草莓塔，这是英国下午茶必备的，其他如泡芙、饼干或巧克力则由主厨随心搭配。第三层的甜点品种也不固定，一般为蛋糕及水果塔。

（3）精美的茶具。

一套完备的英国下午茶具，一般包括茶杯、茶壶、茶匙、茶刀、滤勺、广口瓶、饼干夹、放茶渣的碗、三层点心架、砂糖壶、茶巾、保温面罩、茶叶罐、热水壶、托盘等。

品下午茶的茶具多用陶瓷做成，上面绘有精美的英国植物与花卉的图案。英式茶具都是成套使用并镶有金边的杯组。

英国下午茶的礼仪，涉及着装、举止等多个方面。

（1）着装得体。

维多利亚时代的女士赴下午茶会要穿缀了花边的蕾丝裙，将腰束紧，戴着花篮似的阔沿帽。男士则要衣着淡雅，举止彬彬有礼，穿上外套，打上丝绒领结。如果忘了外套，会被服务生会请到衣帽间，出借一件。

（2）举止端庄。

参加英国下午茶活动要举止端庄、大方得体、保持笑容：两手的手腕部位尽量不要紧贴身体或者藏着让人完全看不到，这样很不礼貌；别人说话的时候，眼神要温和地平视对方，表示你很关注对方；交谈时要轻声细语。

（3）品饮优雅。

轻轻拿起茶杯（以前必须要用大拇指和食指捏住杯柄，现在也可以把手指伸进杯圈），把杯子送到嘴边，小口慢饮，不能发出声音。茶匙不要放在茶杯里，而是要放在茶托上。若将茶匙放在茶杯里，则向女主人暗示不需要添茶了。用茶匙搅拌时，要确保茶匙在杯子半边来回移动，不要搅出漩涡。

（4）食用有序。

茶点的食用顺序应该遵从味道由淡而重、由咸而甜的法则：先尝带点咸味的三明治，让味蕾慢慢品出食物的真味，再啜饮几口芬芳四溢的红茶；接下来是涂抹上果酱或奶油的英式松饼，让些许甜味在口腔中慢慢散发；最后才由甜腻厚实的水果塔引入下午茶最美妙的时光。

18 世纪的英国诗人库柏，用诗描述了喝茶为英国人的家庭生活创造的温馨和谐。

拨旺炉火，紧闭门窗，

放下窗帘，围起沙发，

茶壶的水已煮沸，咝咝作响，

沏一壶热茶，又浓又香，

轻松而不沉醉，心神荡漾，

我们迎来一个安详的晚上。

英式下午茶

参考资料

1. 杜颖颖，林松洲，陆小磊，等. 印度红茶概述［J］. 中国茶叶加工，2017 （1）：53-59.

2. 罗龙新. 闻着茶香去旅行——斯里兰卡六大产茶区探访（一）［J］. 中国茶叶，2013（12）：4-7.

3. 李怀莲. 论俄罗斯茶文化的演变［J］. 农业考古，2012（2）：306-312.

4. 托尔加舍夫. 中国是俄国茶叶的供应者，满洲公报，1925（5～7），载郭蕴深. 中俄茶叶贸易史，黑龙江：黑龙江教育出版社，1995.

本章小结

🌿 **内容提要**

本章主要讲述了中国茶在亚洲、欧洲一些国家的传播历程，世界主要茶产区，包括亚洲产区、非洲产区、南美产区、欧洲产区；介绍了俄罗斯茶文化、英国茶文化等内容。

🌿 **核心概念**

中国茶传播；世界茶产区；俄罗斯茶炊；英国下午茶。

🌿 **重点实务**

了解中国茶文化的传播。

了解英国下午茶礼仪。

🌿 **复习题**

1. 简述中国茶向亚洲不同国家的传播。

2. 简述英国下午茶文化。

3. 简述俄罗斯茶文化。

🌿 **实训项目**

分析中国茶文化的当代传播。

分析英国饮茶习俗形成的原因。

第十一章

诗行茶香
——茶诗鉴赏

学习要求： 通过学习，了解中国有代表性的茶诗，领会茶诗的丰富内涵和意蕴。

　　茶是人们日常生活的重要组成部分，也是咏物抒怀的重要载体。在中国的文学宝库中，茶诗是其中非常有特色的组成部分。茶，让脍炙人口的诗行散发着温馨的茶香。

第一节　唐代茶诗鉴赏

一、元稹与宝塔体茶诗

　　元稹，字微之，河南府东都洛阳（今河南洛阳）人，唐朝著名诗人、文学家。元稹与白居易同科及第，共同倡导新乐府运动，世称"元白"。白居易以太子宾客的义义要升任洛阳，元稹与王起等人举行欢送会，宴席上大家以"一字至七字"作咏物诗，标题限用一个字，元稹创作了这首茶诗。一字至七字诗，俗称宝塔诗。

茶

【唐】元稹

茶。

香叶，嫩芽。

慕诗客，爱僧家。

碾雕白玉，罗织红纱。

铫煎黄蕊色，碗转曲尘花。

夜后邀陪明月，晨前命对朝霞。

洗尽古今人不倦，将至醉后岂堪夸。

全诗描写了茶具有味香和形美的特征，深受"诗客"和"僧家"的喜爱；烹茶前要先用白玉雕成的碾将饼茶碾碎，再用茶罗筛出茶末；烹茶时要用铫煎成"黄蕊色"的茶汤，盛在碗中有浮动的沫饽。可以夜晚饮茶，可以早上饮茶，有明月、朝霞相伴，天人合一，情景交融。不论古人还是今人，人们都喜欢茶，茶还能提神醒酒。

元稹这首宝塔诗涵盖了古人品茶的元素——茶叶、茶具、茶汤、爱茶人、品茶环境及品茶境界，构思巧妙，意趣盎然。

二、张文规《湖州贡焙新茶》

湖州贡焙新茶

【唐】张文规

凤辇寻春半醉回，仙娥进水御帘开。

牡丹花笑金钿动，传奏吴兴紫笋来。

紫笋茶，是唐代著名的贡茶，产于浙江长兴顾渚山和江苏宜兴的接壤处。这首诗生动地描述了唐代宫廷生活的一个场景，湖州贡焙新茶的到来使宫廷中洋溢着欢欣喜悦的气氛，表达了对贡焙新茶的赞美。

中国古代贡茶分两种形式：一种是由地方官员选送，称为土贡；另一种是由朝廷指定生产，称贡焙。唐代湖州有专门采制宫廷用茶的贡焙院，"吴兴紫笋"指的就是湖州长兴顾渚山的紫笋贡茶。

三、《六羡歌》赏析

六羡歌

【唐】陆羽

不羡黄金罍，不羡白玉杯。

不羡朝入省，不羡暮入台。

千羡万羡西江水，曾向竟陵城下来。

　　《六羡歌》原题为《歌》，因其中写到 6 个"羡"字，人们便据此定名为《六羡歌》。这首诗采用借代和隐喻的手法，语短情深，吟唱了四声"不羡"、两声"羡"，表达了陆羽的恬淡志趣和高洁追求。陆羽不羡慕荣华富贵、锦衣玉食的生活，唯独羡慕家乡的西江水能够绕着自己生活过的竟陵城静静地流淌。这里的"西江水"，一方面指家乡山清水秀的美好，另一方面指用西江清澈的活水来烹煮自己制作的茶叶。本诗表达了陆羽笃行于茶事业的追求。

第二节　宋代茶诗鉴赏

一、范仲淹《和章岷从事斗茶歌》赏析

和章岷从事斗茶歌

【宋】范仲淹

年年春自东南来，建溪先暖水微开。

溪边奇茗冠天下，武夷仙人从古栽。

新雷昨夜发何处，家家嬉笑穿云去。

露芽错落一番荣，缀玉含珠散嘉树。

终朝采撷未盈襜，唯求精粹不敢贪。

研膏焙乳有雅制，方中圭分圆中蟾。

北苑将期献天子，林下雄豪先斗美。

鼎磨云外首山铜，瓶携江上中泠水。

黄金碾畔绿尘飞，碧玉瓯中翠涛起。

斗茶味兮轻醍醐，斗茶香兮薄兰芷。

其间品第胡能欺，十目视而十手指。

胜若登仙不可攀，输同降将无穷耻。

吁嗟天产石上英，论功不愧阶前蓂。

众人之浊我可清，千日之醉我可醒。

屈原试与招魂魄，刘伶却得闻雷霆。

卢仝敢不歌，陆羽须作经。

森然万象中，焉知无茶星。

商山丈人休茹芝，首阳先生休采薇。

长安酒价减百万，成都药市无光辉。

不如仙山一啜好，泠然便欲乘风飞。

君莫羡花间女郎只斗草，赢得珠玑满斗归。

北宋政治家、文学家范仲淹留下的茶诗有两首，而其中的这首《和章岷从事斗茶歌》可与唐代卢仝《七碗茶歌》相媲美。章岷是宋代诗人，天圣进士，两浙转运使，后知苏州，官终光禄卿。从事是官名，州郡长官的僚属。

这首斗茶歌说的是文人雅士以及朝廷命官，在闲适的茗饮中采取的一种高雅的品茗方式，主要是斗水品、茶品、诗品和煮茶技艺的高低。斗茶又叫"茗战"，源于唐代，兴于宋代。这是一首描写斗茶场面的诗作。"林下雄豪先斗美"，从茶的争奇、茶器斗妍到水的品鉴、技艺的切磋，呈现的是一种高雅的斗茶赛。《和章岷从事斗茶歌》描写了茶叶的生长环境、建安茶的悠久历史及采制的季节和过程。宋代气候转冷，茶叶生产重心南移，建安茶在当时是倍受推崇的茶品。朝廷官焙贡茶院设在了气候温暖、茶叶品质优异、生产历史悠久的福建建安。诗中生动形象地描写了斗茶的要素、过程和热烈场面，用夸张豪放的诗句对茶的功效进行讴歌赞美。这首诗是宋代斗茶之风普及的真实写照。

二、陆游《建安雪》赏析

建安雪

【宋】陆游

建溪官茶天下绝，香味欲全须小雪。

雪飞一片茶不忧，何况蔽空如舞鸥。

银瓶铜碾春风里，不枉年来行万里。

从渠荔子腴玉肤，自古难兼熊掌鱼。

　　陆游是南宋杰出爱国诗人，为"南宋四大家"之一。陆游喜欢茶，写有茶诗近 400 首，曾先后十年提举福建及江南西路常平茶盐公事。

　　这首诗是陆游于淳熙六年（1179）正月，作为"提举福建路常平茶事"的专职官员，初到建安时，是早春时节又逢下雪，在雪花纷飞中感受茶叶丰收的征兆而作。

　　建溪北苑是贡茶产地，据《宣和北苑贡茶录》载，北苑贡茶先后造出了白茶、雪英、玉芽、龙团胜雪、瑞云翔龙等品种。陆游的咏茶诗，意蕴深远，不仅具有极高的艺术欣赏价值，更是研究宋代茶叶发展的珍贵史料。

三、苏轼《汲江煎茶》赏析

汲江煎茶

【宋】苏轼

活水还须活火烹，自临钓石取深清。

大瓢贮月归春瓮，小杓分江入夜瓶。

茶雨已翻煎处脚，松风忽作泻时声。

枯肠未易禁三碗，坐听荒城长短更。

这是苏轼诸多经典茶诗中的代表作，作于元符三年（1100），作者被贬在儋州时所作。

"活水还须活火烹，自临钓石取深清。"煮茶最好用流动的活水，并用旺盛的火来煎。苏轼自己提着水桶、带着水瓢，到江边钓鱼石上汲取深江的清水。夜晚的天空悬挂着一轮明月，月影倒映江水之中。大瓢把映有月影的江水贮存入瓮，小杓将清流江水舀入煎茶的瓶内。茶沫如雪白的乳花在煎处翻腾漂浮，沸声似松林间的风飕飕作响。

这首诗从汲水、舀水、煮茶、饮茶到听更，绘声绘影，构思奇妙，清新淡雅，表现了诗人通达从容的人生态度。

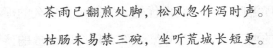
四、杨万里《澹庵座上观显上人分茶》赏析

澹庵座上观显上人分茶

【宋】杨万里

分茶何似煎茶好，煎茶不似分茶巧。

蒸水老禅弄泉手，隆兴元春新玉爪。

二者相遭兔瓯面，怪怪奇奇真善幻。

纷如擘絮行太空，影落寒江能万变。

银瓶首下仍尻高，注汤作字势嫖姚。

不须更师屋漏法，只问此瓶当响答。

紫微仙人乌角巾，唤我起看清风生。

京尘满袖思一洗，病眼生花得再明。

汉鼎难调要公理，策勋茗碗非公事。

不如回施与寒儒，归续茶经传衲子。

这是一首关于点茶分茶的诗篇，叙述了分茶过程，既有高超的分茶技艺，又有视觉美感，银瓶注汤所幻化出的汤面效果着实令人称奇："擘絮行空，影落寒江"。

宋人将茶事升华为一种奇特的艺术创作和艺术欣赏，诗中的显上人就是一位颇有造诣的分茶艺术家，在盏面形成神奇变幻的画面：一会儿是高天行云，飘飘浮浮，游离不定；一会儿是万木萧索，江影幻变，不可捉摸；一会儿盏面如现狂草，雄健遒劲。宋人的分茶技艺、丰富的表现力、敏锐细腻的艺术感觉，令人叹服。

第三节 元明清茶诗鉴赏

一、【元】虞集《次邓文原游龙井》赏析

次邓文原游龙井

【元】虞集

杖藜入南山，却立赏奇秀。

所怀玉局翁，来往絇履旧。

空余松在涧，仍作琴筑奏。

徘徊龙井上，云气起晴昼。

入门避沾洒，脱屐乱苔甃。

阳冈扣云石，阴房绝遗构。

澄公爱客至，取水挹幽窦。

坐我薝卜中，余香不闻嗅。

但见瓢中清，翠影落群岫。

烹煎黄金芽，不取谷雨后。

同来二三子，三咽不忍漱。

讲堂集群彦，千磴坐吟究。

浪浪杂飞雨，沉沉度清漏。

令我怀幼学，胡为裹章绶。

　　虞集（1272—1348），祖籍仁寿（今属四川），元四家之一。一次与邓文原等好友共游龙井，受到澄公的接待，喝到以龙井泉水所烹的龙井新茶，大为赞叹，写下《次邓文原游龙井》，留下了关于龙井茶最早的确切资料。

　　诗中描写了龙井茶的产地、特点、采摘时间、品鉴等内容。龙井泉水清美，青翠的群山映照在瓢水中，这倒映在瓢中的群岫就是龙井茶山。"黄金芽"描摹了龙井茶翠而略黄的色泽、茶芽的特点。"不取谷雨后"则点明了龙井茶的采摘时间。龙井茶香味强烈，"三咽不忍漱"，饮过之后齿颊留香。

二、【明】吴宽《游惠山入听松庵观竹茶炉》赏析

游惠山入听松庵观竹茶炉

【明】吴宽

与客来尝第二泉，山僧休怪急相煎。

结庵正在松风里，裹茗还从谷雨前。

玉碗酒香挥且去，石床苔厚醒犹眠。

百年重试筠炉火，古杓争怜更瓦全。

　　吴宽，明代长洲（江苏苏州）人，成化进士，官至礼部尚书，工诗文、书法。在惠山饮茶，水是号称"天下第二泉"的惠山泉，甘甜清爽；茶是谷雨前的茶，细嫩新鲜；茶器好，有玉碗、竹炉、古杓；环境好，有名山名水，有听松庵，有积满深厚绿苔的石床，悠然自得。

　　明代文人给煮茶煮水的炉子起了个文雅的名字，称为"苦节君子"，就是在泥炉的四周用竹编装饰。历代嗜茶的文人对竹都有种特殊的情节，"宁可食无肉，

不可居无竹"。竹子中空有节，其性坚韧。历史上最有名的竹茶炉，是无锡惠山听松庵的竹炉，高僧性海请湖州竹工编制，做成天圆地方的形状。竹炉外部用竹编，内部是陶土，炉心装有铜栅，上面罩有铜垫圈，炉口用铜套相护。性海对竹炉喜爱有加，专门请画家王绂为其做画《竹炉煮茶图》，请大学士王达撰写《竹炉记》。明清时期，许多文人墨客慕名而来惠山听松庵探访竹炉，为此留下很多诗词书画作品。风致精巧的竹炉，是文人情趣和文化蕴含的重要体现。

三、【明】孙绪《擂茶》赏析

擂茶

【明】孙绪

何物狂生九鼎烹，敢辞粉骨报生成。

远将西蜀先春味，卧听南州隔竹声。

活火乍惊三昧手，调羹初成五侯鲭。

风流陆羽曾知否，惭愧江湖浪得名。

相传汉朝马援将军出征交趾之际，制作擂茶而食，以抵御江南山乡暑气与瘴气。清嘉庆《常德府志》记载："乡俗以茗叶、芝麻、姜合阴阳水饮之，名'擂茶'。《桃源县志》名'五味汤'，云'伏波将军所制，用御瘴疠'。"擂茶具有健脾、祛风、防治风寒等功效。

这首诗从西蜀的历史入手，通过对擂茶制作、调味的描述，歌颂了擂茶的品性，文笔细腻，颇具情韵。

四、【清】袁枚《试茶》赏析

试茶

【清】袁枚

闽人种茶当种田，郄车而载盈万千。

我来竟入茶世界，意颇狎视心迥然。

道人作色夸茶好，磁壶袖出弹丸小。

一杯啜尽一杯添，笑杀饮人如饮鸟。

云此茶种石缝生，金蕾珠蘖殊其名。

雨淋日炙俱不到，几茎仙草含虚清。

采之有时焙有诀，烹之有方饮有节。

譬如曲蘖本寻常，化人之酒不轻设。

我震其名愈加意，细咽欲寻味外味。

杯中已竭香未消，舌上徐尝甘果至。

叹息人间至味存，但教卤莽便失真。

卢仝七碗笼头吃，不是茶中解事人。

　　袁枚，清代诗人，号简斋、随园老人，浙江钱塘（今浙江杭州）人，著有《小仓山房文集》《随园诗话》《随园食单》等。袁枚喜欢茶，有茶诗 30 余首。

　　这首诗写闽人爱茶并种茶、茶的生长环境、采茶、制茶、品茶等内容，提出要注意保持茶的天性，采之有时，焙之有诀，烹之有方，顺其天而致其性，才能真正领会茶味。

【宋】杨万里《澹庵座上观显上人分茶》赏析　🔍

【元】虞集《次邓文原游龙井》赏析　🔍

本章小结

内容提要

本章主要讲述了不同时代具有代表性的茶诗，分析了其主要内容及丰富的人文意蕴。

核心概念

宝塔诗。

重点实务

茶诗鉴赏实践。

复习题

熟读并深入领会几首经典茶诗。

讨论题

分析宋代茶诗的审美特色。

参考文献

［1］朱海燕. 中国茶道·礼仪之道［M］. 北京：中国农业出版社，2019.

［2］沈冬梅. 茶与宋代社会生活［M］. 北京：中国社会科学出版社，
2015.

［3］余悦. 中国茶俗学［M］. 北京：世界图书出版社，2014.

［4］钟建安. 中国茶文化史［M］. 北京：中央广播电视大学出版社，
2013.

［5］王岳飞，徐平，等. 茶文化与茶健康［M］. 北京：旅游教育出版社，
2014.

［6］吴晓力. 一片树叶的传奇：茶文化简史［M］. 北京：九州出版社，
2019.

［7］丁以寿. 中国茶文化概论［M］. 北京：科学出版社，2018.

［8］王建荣. 茶道：从喝茶到懂茶［M］. 南京：江苏科学技术出版社，
2015.

［9］王建荣. 陆羽茶经：经典本（汉竹）［M］. 南京：江苏科学技术出版
社，2019.

［10］艺美生活. 寻茶记：中国茶叶地理［M］. 北京：中国轻工业出版社，
2018.

［11］徐明. 茶与茶文化［M］. 北京：中国物资出版社，2009.

［12］江用文，童启庆. 茶艺师培训教材［M］. 北京：金盾出版社，2015.

［13］陈文华. 中国茶文化学［M］. 北京：中国农业出版社，2006.

［14］丁以寿. 中国茶文化［M］. 合肥：安徽教育出版社，2011.

［15］孙忠焕. 茶文化的知与行［M］. 北京：中国农业出版社，2018.

［16］姚国坤．惠及世界的一片神奇树叶——茶文化通史［M］．北京：中国农业出版社，2015．

［17］李曙韵．茶味的初相［M］．北京：北京时代华文书局，2014．

［18］朱自振，沈冬梅，增勤．中国古代茶书集成［M］．上海：上海文化出版社，2010．

［19］刘嘉．茶界中国（上）：惊艳世界的中国名茶［M］．北京：中国轻工业出版社，2018．

［20］刘嘉．茶界中国（下）：跨越时空的茶文化［M］．北京：中国轻工业出版社，2018．

［21］蔡荣章．无我茶会［M］．北京：北京时代华文书局，2016．

［22］王岳飞，周继红，徐平．茶文化与茶健康——品著通识［M］．杭州：浙江大学出版社，2021．

［23］毛文，杨维杰．中国古代茶文化中蕴含的哲学思想研究［J］．福建茶叶，2019（5）：205．

［24］王雁．中国茶文化在日本的传播研究［J］．福建茶叶，2019，41（4）：193-194．

［25］王军莉．陆羽《茶经》中的美学思想浅析［J］．福建茶叶，2017，39（1）：319-320．

［26］黄志浩．论陆羽《茶经》的美学思想［J］．甘肃社会科学，2004（3）：40-43．

［27］杨晓华．唐代茶及茶文化对外传播探析［J］．安徽农业大学学报（社会科学版），2017，26（2）：119-122．

［28］许兰，张丹，仝团团，等．茶树花提取物的抑菌和美白功效评价［J］．天然产物研究与开发，2018（8）：1287-1293．

［29］田采云，周承哲，傅海峰，等．茶树花的保健功效及其研究进展［J］．园艺与种苗，2019（6）：6-10．

［30］郑贞富．挹彼清流且煎茶——走近茶道之祖杜育［N］．洛阳日报，2013-06-03（11）．

［31］陈文华.我国饮茶方法的演变［J］.农业考古，2006（2）：118-124.

［32］武跃.唐代茶文化传播特点及其路径探究［J］.福建茶叶，2015，37（6）：247-248.

［33］饶舜.唐代茶饮风尚与陶瓷茶具审美研究［J］.农业考古，2014（2）：65-68.

［34］任新来.唐代茶文化与法门寺地宫茶具（下）［J］.收藏界，2004（5）：20-23.

［35］任新来.唐代茶文化与法门寺地宫茶具（上）［J］.收藏界，2004（4）：14-18.

［36］朱乃良.唐代茶文化与陆羽《茶经》［J］.农业考古，1995（2）：58-62.

［37］林安君.从阎立本《萧翼赚兰亭图卷》谈唐代茶文化［J］.农业考古，1995（2）：221-223.

［38］程启坤，姚国坤.论唐代茶区与名茶［J］.农业考古，1995（2）：235-244.

［39］朱利民.唐代茶道［J］.唐都学刊，1988（1）：29-34.

［40］张炎钰.宋代茶文化在朝鲜半岛的传播与接受研究［J］.福建茶叶，2017，39（7）：380-381.

［41］陈云飞.宋代茶文化与点茶用具［J］.收藏，2014（7）：36-44.

［42］朱广宇.宋代茶文化与吉州窑、建窑器的发展［J］.设计艺术，2005（4）：25-27.

［43］余悦，周春兰.中国宋代茶文化的繁荣与特色［J］.农业考古，2007（2）：22-26.

［44］何雪涓，陶忠.明清茶文化发展初探［J］.思茅师范高等专科学校学报，2012，28（5）：55-58.

［45］李小默.我国古代陶瓷茶器的审美与文化［J］.福建茶叶，2018，40（10）：162.

［46］夏金凤.茶饮与陶瓷茶器的关系［J］.艺术研究，2017（3）：

12 - 13.

［47］廖宝秀．明代文人的茶空间与茶器陈设［A］．载大匠之门 9[C]．北京画院，2015：12.

［48］孔定中．中国唐代陶瓷茶器的审美与文化［J］．艺术科技，2013，26（2）：94.

［49］梁子，谢莉．唐代金银茶器辨析［J］．农业考古，2005（4）：107 - 114.

［50］梁子．法门寺出土唐代宫廷茶器巡礼［J］．农业考古，1992（2）：91 - 93，6.

［51］段莹，郑慕蓉，王斌，李晓军．茶会的起源与发展概述［J］．茶叶通讯，2014，41（2）：43 - 45.

［52］朱红缨．雅集茶会的沿革及现代性［J］．茶叶，2014（2）：104 - 108.

［53］陈文华．我国古代的茶会茶宴［J］．农业考古，2006（5）：160 - 163.

［54］周建刚．唐宋寺院的茶筵、茶会和茶汤礼［J］．湖南城市学院学报，2012，33（1）：31 - 35.

［55］刘跃云，陈叙生，曾旭，周小芬．茶叶贮藏技术研究进展［J］．安徽农业科学，2012，40（14）：8227 - 8228，8232.

［56］胡长春．我国古代茶叶贮藏技术考略［J］．农业考古，1994（2）：259 - 262.

［57］陈宗懋．茶与健康专题（六）茶的杀菌和抗病毒功效［J］．中国茶叶，2009（9）：4 - 5.

［58］蔡淑娴，万娟，刘仲华．茶叶的调节免疫作用［J］．中国茶叶，2020（4）：1 - 12.

［59］林勇，黄建安，王坤波，等．茶叶的抗过敏功效与机理［J］．中国茶叶，2019（3）：1 - 6.

［60］李勤，黄建安，傅冬和，等．茶叶减肥及对人体代谢综合征的预防功

效［J］.中国茶叶，2019（5）：7－13．

［61］刘冬敏，黄建安，刘仲华，等．茶及其多酚类化合物调节肥胖及并存症的研究进展［J］.基因组学与应用生物学，2019（12）：5603－5615．

［62］汪松能，万玲，黄永发．家庭茶叶选购与待客礼仪［J］.蚕桑茶叶通讯，2010（2）：33－34．

［63］李勇，方琼．茶叶的选购、冲泡与家庭贮藏［J］.陕西农业科学，2004（1）：67－68．

［64］傅尚文．家庭用茶叶的选购和贮藏［J］.福建茶叶，1999（1）：34－35．

［65］陈杰，汪一飞．谈茶叶的选购饮用和贮存保管［J］.中国茶叶加工，2007（04）：57．

［66］吕维新，蔡嘉德．唐代茶诗选析——茶会茶宴［J］.农业考古，1992（12）：165－167．

［67］杨晓霭．雅宴茶香笙歌阑——宋代士大夫的茶会情趣与茶词歌唱［J］.文学史话，2013（2）：60－67．

［68］刘淑芬．《禅苑清规》中所见的茶礼与汤礼［A］.台北，"中央"研究院历史语言研究所集刊，2007（12）：629．

［69］史雅卿．现代茶会的商业推广研究［A］.中国农业科学院研究生院，2013（6）：5－12．

［70］周佳灵．主题茶会中的茶席设计研究［D］.浙江农林大学艺术设计学院，2016（5）：6－8．

［71］沈学政，朱阳．历史视野下的中国茶会文化的传播与发展［J］.农业考古，2013（2）：98－101．

［72］张丽．三月三与曲水流觞——古人的游春习俗［J］.甘肃农业，2017（5）：50－51．

［73］景庆虹．论中国茶文化海外传播［J］.国际新闻界，2012（12）：69－72．

［74］温泉．刍议英国的下午茶文化［J］.福建茶叶，2015，37（6）：

209－211.

［75］尹娜．日本茶道文化的历史发展与变化［J］．大众文艺，2019（13）：259－260.

［76］王新梅．日本茶庭造园艺术园林美学研究［J］．现代园艺，2018（19）：95－97.

［77］和茗．日本茶产业［J］．茶叶，2018，44（1）：48－50.

［78］赵国栋．中国茶叶的传入与日本茶道的确立［J］．中国茶叶，2016，38（6）：40－43.

［79］汤泽民．中国茶与茶文化传播［J］．湖南林业，1995（10）：24.

［80］沈佐民．试论中国的茶道［J］．茶业通报，2002（2）：44－45.

［81］刘丽枫．略论中国茶道的内涵［J］．赤峰学院学报（汉文哲学社会科学版），2010，31（12）：88－89.

［82］吴远之，徐学．文化符号学与中国传统文化——以中国茶道为例［J］．北京科技大学学报（社会科学版），2017，33（2）：65－69.

［83］陈文华．中国茶道与美学［J］．农业考古，2008（5）：172－182.

［84］董德贤．中国茶道的本质及茶文化的发展［J］．茶业通报，1996（2）：46－49.

［85］丁菊英，蚌小云．德昂族茶俗文化中的传统生态意识［J］．楚雄师范学院学报，2012，27（1）：51－55.

［86］杜颖颖，林松洲，陆小磊，等．印度红茶概述［J］．中国茶叶加工，2017（1）：53－59.

［87］罗龙新．闻着茶香去旅行——斯里兰卡六大产茶区探访（一）［J］．中国茶叶，2013（12）：4－7.

［88］李怀莲．论俄罗斯茶文化的演变［J］．农业考古，2012（2）：306－312.